JN238163

エンジニアが教える

ミックス・テクニック 99

葛巻善郎 [著]

Rittor Music

はじめに

　昨年秋に、ひょんなことから初めての著書『マスタリングの全知識』を上梓しました。時代に合った分かりやすい内容を心がけた結果評判も良く、うれしい限りです。
　良いマスタリングを目指そうとすると、必然的にその手前の作業であるミックスも大事なんだな、ということに気付くと思います。この何年かでDAW環境は急速に進化し、僕たちプロだけでなく大勢のミュージシャンが自宅で制作をするようになりました。高い機材を使わなくても工夫次第で良い作品は作れますが、マスタリング同様、やはりそこに触れた本や記事は少ないのです。そこで、『マスタリングの全知識』とほぼ同じチームで、今回はミックスについての本を作ることになりました。
　この本には現時点での僕のノウハウをたくさん記しましたが、「これが正しいやり方だ」と言うつもりはありません。音楽とはアートであり、それはつまり自由な表現です。ですからそこにルールなどは無く、好きなようにやって良いのです。皆さんはこの本を片手に作業するのではなく、この本はそばに置いて、多少参考にしながら、皆さんなりの自由なミックスを作ってほしいな、と思います。

　ところで、今度はやはりレコーディングも大事なんだな、と気付く人もいるでしょう。
　ということは……、また近々お会いできるかもしれませんね(笑)。

葛巻善郎

※付属CDは、処理前／処理後の音を載せているものが多いのですが、場合によっては「処理前の元音の方が良い」と感じるかもしれません。でも、後々のミックスでこれらの意味が出てくるということなので、その辺も含めて聴いてもらえたらと思います。

CONTENTS

PART 1 ソース別処理法

01	女性ボーカル	P010
02	男性ボーカル	P012
03	変わったボーカル処理	P014
04	バックグラウンド・ボーカル	P016
05	太いエレキベース	P018
06	ラインが見えるエレキベース	P020
07	スラップ・ベース	P022
08	その他のベース	P024
09	エレキギター(バッキング)	P026
10	打ち込みに混じるエレキギター	P028
11	エレキギターのソロ	P030
12	アコースティック・ギター	P032
13	ドラムのキック	P034
14	ドラムのスネア	P036
15	ドラムのタム	P038
16	ドラムの金物系	P040
17	ドラム全体	P042
18	打ち込み系のドラム	P044
19	キックとベースの合わせ技	P046
20	パーカッション	P048
21	生ピアノ	P050
22	ピアノ音源	P052
23	オルガン	P054
24	ストリングス	P056
25	パッド系シンセサイザー	P058
26	シンセのソロ	P060
27	管楽器	P062
28	サウンド・エフェクト	P064
29	音について知る	P066

PART 2　エフェクト別処理例

30	ミキサーの基礎知識	P070
31	センド系とインサート系	P072
32	ディレイの基礎知識	P074
33	ショート・ディレイ	P076
34	テンポ・ディレイ	P078
35	変わり種ディレイ紹介	P080
36	リバーブの基礎知識	P082
37	リバーブの使い方(ベーシック)	P084
38	葛巻流リバーブ使用法	P086
39	コンプレッサーの基礎知識	P088
40	コンプで音量をそろえる	P090
41	コンプで音圧を稼ぐ	P092
42	コンプで奥行きを表現	P094
43	マルチバンド・コンプレッサー	P096
44	リミッターの基礎知識	P098
45	マキシマイザー系リミッター	P100
46	イコライザーの基礎知識	P102
47	葛巻流イコライザー活用術	P104
48	コーラス	P106
49	ハーモニクス系(倍音系)	P108
50	歪み系	P110
51	ステレオ・イメージ系	P112
52	ダイナミクス・プロセッサー	P114
53	MS処理	P116
54	エフェクトに頼らない	P118

> CONTENTS

PART 3　トリートメントのノウハウ

- 55　不要な部分の処理　　　　　　　P122
- 56　ソース別クロスフェード術　　　P124
- 57　リップ・ノイズ対策　　　　　　P126
- 58　演奏に絡んだノイズの処理　　　P128
- 59　ノーマライズ　　　　　　　　　P130
- 60　テイクのまとめ方　　　　　　　P132
- 61　音量レベルを書く　　　　　　　P134
- 62　ちょっとひと味足してみる　　　P136
- 63　コピペで繰り返しを作成　　　　P138
- 64　ファイル・ベースのエフェクト　P140
- 65　ファイル書き出しの作法　　　　P142
- 66　位相を合わせる　　　　　　　　P144
- 67　タイミング修正　　　　　　　　P146
- 68　オートメーションの活用　　　　P148
- 69　プリミックスのススメ　　　　　P150
- 70　オーディオ・ファイルの管理　　P152
- 71　とっておきの下ごしらえ　　　　P154

PART 4　2ミックスの作成

- 72　ミックスの考え方　　　　　　　P158
- 73　全体を見ながら作業しよう　　　P160
- 74　DTM作品を生っぽく仕上げる　　P162
- 75　ウォール・オブ・サウンド　　　P164
- 76　定位の作法　　　　　　　　　　P166
- 77　マスター・エフェクト　　　　　P168
- 78　マスター・フェーダーのレベル書き　P170
- 79　葛巻ミックス解剖1　　　　　　P172
- 80　葛巻ミックス解剖2　　　　　　P174

81	葛巻ミックス解剖 3	P176
82	葛巻ミックス解剖 4	P178
83	葛巻ミックス解剖 5	P180
84	葛巻ミックス解剖 6	P182
85	葛巻ミックス解剖 7	P184
86	葛巻ミックス解剖 8	P186
87	葛巻ミックス解剖 9	P188
88	葛巻ミックス解剖10	P190
89	実例ミックス分析 1	P192
90	実例ミックス分析 2	P194
91	音の探求者たちに学ぶ	P196
92	どこに 2 ミックスを作る？	P198
93	バックアップの作法	P200
94	CDライティング	P202
95	簡易マスタリング	P204
96	データのやりとり	P206
97	サンプリング周波数への配慮	P208
98	ハードにもこだわる	P210
99	エンジニアの役割	P212

APPENDIX

対談　葛巻善郎×博士と蟋蟀	P216
音源収録アーティスト紹介	P220

COLUMN

だれにでも失敗はある	P068
プラグイン・コレクター	P120
汚い音は奇麗な音	P156
リクエストはチャンス	P214

PART 1
ソース別処理法

ここでは、楽器別にどのような処理を施していくかを見ていきます。録音方法について触れている場合もありますが、これによりミックスと録音が不可分な作業だというのが分かると思います。また、ここで紹介しているテクニックは典型例なので、それを組み合わせて新しい技を見つけるのも楽しいと思います。

MIX
TECHNIQUE
01 > 29

01 MIX TECHNIQUE

女性ボーカル
聞きやすくしつつ目立たせる

5kHz～8kHzを少しブースト

　一般的に女性ボーカルは、男性ボーカルに比べて処理が容易と言えます。男性ボーカルはエレキギターやドラムのスネア、シンバルなんかに帯域がかぶるのですが、女性ボーカルではそういった干渉が比較的少ないため、割と放っておいてもよく聞こえるのです。

　とはいえ、どうもオケに埋もれてしまうという場合には、5kHz～8kHzの帯域を1dB～2dBブーストしてみましょう。Q幅は狭くても良いですし、シェルビングで8kHz以上をブーストしても良くなることが多いです。この辺は実音と言うよりは倍音の帯域で、女性ボーカルの空気感を出してくれるはずです。

　EQに関しては、最近流行っているPULTECのシミュレート系を使ってみるのもお勧めです。このタイプはWAVES JJP Collectionを始め、IK MULTIMEDIA T-Racks3、BOMB FACTORY Pultec Bundleなど、さまざまな製品が発売されています。EQP-1Aをシミュレートしたものであれば、同じ帯域をブーストしつつカットできて、これが結構良い感じになります。ブーストしつつ、その周辺の音をうまくカットしてくれるようなイメージですね。ちょっとロー・カットをしつつ（100Hz近辺）、先ほどの倍音部分でブースト＆カットをすれば、女性ボーカルがオケの中から出てくると思います。

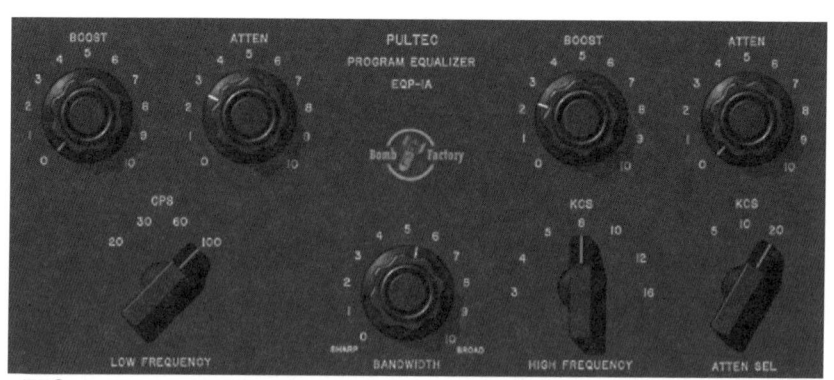

▲画面① PULTECのシミュレート系で、ローをカットしつつ、8kHzをブースト

PART 1
ソース別処理方法

▲画面② Aメロ部分は録音レベルが低い場合が多いので、レベルを書いてあげて聞きやすくしましょう

コンプはコピー・トラックにがっつり

　また、Aメロ近辺のキーが低いために、録音レベルが低くなっていることも多くあります。その場合は、コンプでそろえられるレベルではないので、3dB～4dBブーストするようなレベル書きを行いましょう。Aメロのレベルが低いのはボーカリストのせいではなくキーの問題なので、そこは聞きやすくしてあげるわけですね。あるいは、コンプのアウトプット・レベルにオートメーションを書いて、そこだけ上げるというのもアリでしょう。

　コンプに関して言うと、ボーカル・トラックをコピーして、そちらにかけるのが有効です。オリジナル・トラックはレベルを軽くそろえる程度にしておいて、コピーした方に思い切りコンプをかけてしまいましょう（設定はレシオは8:1程度、6dB以上のゲイン・リダクション）。この両者の混ぜ具合で、さまざまな聞こえ方が演出できます。ダイナミクスのあるボーカルと、がっちり固まったボーカル、両方の良い所を使えるわけですね。コピー・トラックにはBOMB FACTORY SansAmpをかけてしまったりとか、この手法はいろいろ発展可能です。なお、先ほどのEQはコンプの後でかけるようにしましょう。

　そして最後に空間系ですが、筆者の場合は定番的にテンポ・ディレイ＋リバーブという処理をします。フィードバック無しの8分音符がLから、4分音符がRから返ってくる設定のディレイと、リバーブの組み合わせですね。しかもリバーブは、ボーカル・トラックからの送りとディレイからの送りの両方にかかっています。これで、ボーカルとオケをなじませることができるのです。ディレイとリバーブの設定に関しては、詳細はそれぞれの項目で解説しますので参照してください。

参照：音量レベルを書く→P134、葛巻流リバーブ使用法→P086

🔊 CD TRACK

| 01 | **女性ボーカル**
（処理前➡処理後） |

コンプ2段がけ（それぞれ浅め）とEQ処理によって、目の前で歌っている感を演出。ピアノはセンター定位で奥から、ソヘグムは右奥に置いています。

02 MIX TECHNIQUE

男性ボーカル
ガッツが欲しければコンプ二段がけ！

2kHz～4kHzを少しブースト

　男性ボーカルは他の楽器と帯域がかぶるので、考えるべきことが結構多くあります。しかし、まずはボーカル自体を調整するのではなく、ボーカルをフィーチャーするために他の楽器を処理する方向で考えます。

　ボーカルの定位は当然センターで、奥行き的には一番前に来るわけですが、センターにはベースやキック、スネアがあります。特にスネアは口径やチューニングによってボーカルと干渉してしまうことがあるので、録音時に気を付けたいところです。あとは、コンプによる奥行きで差を付けて、ボーカルを良い音で聞かせる工夫をします。具体的にはコンプの項で解説しますが、ボーカル以外を少し奥にしてあげるわけですね。

　エレキギターのサウンドも帯域的にはかぶりますが、サイド（LやR）に定位する場合にはそれほど気にならないはずです。もちろん、センター定位にする場合は、奥行きで差を付けましょう。

　男性ボーカル自体への処理としては、オケの中ですっきり奇麗に聞こえさせるために2kHz～4kHzのところを少しブーストします。これは実音より少し上の倍音部分ですが、実音を直接ブーストするよりも、倍音を上げた方が効果的です。この際、女性ボーカル同様にシェルビングで4kHz以上をブーストするというのも有効です。また、PULTEC系のEQを使ってみるのも良いでしょう。

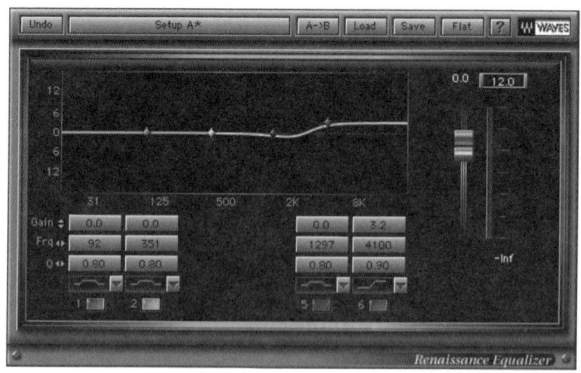

◀画面① シェルビングタイプのEQで、4kHz以上をざっくり上げてしまうのも効果的

PART 1
ソース別処理方法

▲画面② 男性ボーカルへのコンプレッサー処理の例。男性ボーカルはコンプとの相性が良いので、結構深くてOK

コンプは深めでOK

　男性ボーカルの場合は、結構コンプが深めでもマッチします。レシオが8:1で、常に4dB〜8dBつぶしているような状態でも、曲によっては合うはずです（アタックは速め、リリースは中間〜遅め）。ゲイン・リダクションされた分はコンプのアウトで持ち上げるか、その後にリミッターなどを入れて持ち上げてもOKです。そして、最後に先ほどのEQで補正するような考え方ですね。

　歌にガッツがもう少し欲しいという場合には、コンプの二段がけがオススメです。片方はレベルをそろえる程度にかけて、2段目でがっつりかける。あるいは、両方が深めでも良いかもしれません。PSP AUDIO Vintage Warmerのような、アナログ・シミュレーターを挿してみるのも良いですね。これで、結構ガッツ感は出てくるはずですよ。

　なお、コンプや真空管orアナログ・シミュレーターは、オリジナルのトラックにどんどんインサートしていっても良いですし、女性ボーカルのようにコピー・トラックを作成して、そちらにかけていくのも可です。後者の方が、2つのバランスをより細かく作っていけるので、時間があれば追い込んでみてください。

　空間系は女性ボーカルと同じで、テンポ・ディレイとリバーブを併用します。オケと歌とリバーブがバラバラに聞こえる曲って結構多いのですが、それを避けるためにも、この併用はぜひ試してほしいテクニックです。詳しくは、リバーブとディレイの項を参照してください。

参照：コンプで奥行きを表現→P094、葛巻流リバーブ使用法→P086

🔊 CD TRACK

| 02 | 男性ボーカル
（処理前➡処理後） |

コンプ2段がけ（浅め＋深め）、その後Dad Valve、PULTECシミュレーター、L1と通って、オケに負けないガッツ感を出しています。

03 MIX TECHNIQUE

変わったボーカル処理
いま流行りの汚し&歪ませ！

歪ませるとローがやせる

　奇麗に聴かせるだけがボーカルではありません。ここでは、ちょっと変わったボーカル処理について見ていきましょう。

　最近はボーカルに限らずですが、汚し系、歪み系のプラグインを使ったアプローチが一般化しています。BOMB FACTORY Sans Ampや、NOMAD FACTORY Retro-Voiceのようなエフェクトで、少し歪ませてかっこ良く聴かせるわけですね。筆者の仕事では、クラブ・ジャズ系で特に好まれる手法です。ただし、歪ませるとどうしてもローがやせてしまうもの。ですから、コピー・トラックを作成して、そちらを歪ませるのが良いでしょう。そしてオリジナル・トラックにはコンプを深くかけて、太い音にしてあげる。これでコピー8：オリジナル2くらいの音量バランスで出してみると、芯がありながら歪んでいるボーカル・サウンドが手に入ります。オリジナルの方は単体だと小さく感じられるでしょうが、コピーと合わせると不思議と良い感じになるはず。もちろんバリエーションで他のバランスもアリですし、いろいろ試してください。

　あとよくリクエストされるのが、ラジオ・ボイス。これは今のラジオの音ではなく、昔のAMラジオのイメージですね。ローとハイが無い音なので、ロー・カットとハイ・カットを組み合わせて作ります。出すのは、700Hz～1.3kHzのミドルだけにしてみましょう。気持ちの良いミドルを残すと単にこもった音になるので、そのちょっと上あたりを残すのがコツです。また、これにさらに歪みを加えたり、EQでハイを突くのも面白いです。削ったハイを後段のEQで突くと、張り付いたボーカル・サウンドが得られます。

◀画面① ラジオ・ボイス用のEQ設定例。中域だけを出すのですが、気持ち良い中域の少し上を狙うのがコツです

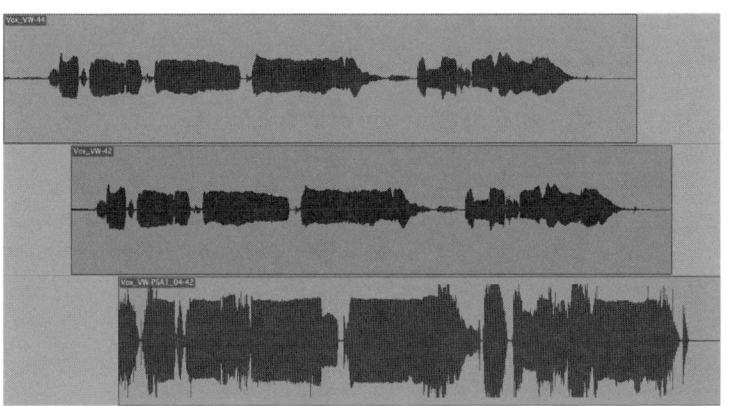

▲画面② 波形のコピー&ペーストで"リアルな"ディレイを作った例。コピーの方を毎回違ったエフェクトで激しく加工するなど、自由な音作りが可能です

波形で作るディレイ

飛び道具としては、空間系のエフェクトも結構使われます。特にショート・ディレイやコーラスのモジュレーション機能を使えば、簡単に宇宙人っぽい声やロボットっぽい声になるので、そういうリクエストがあった場合は試してください。

いわゆるディレイに関しては、プラグインでかけるのも良いですが、ボーカルの波形を切り張りしていくのも面白いですね。新しいトラックの任意の場所に、コピーしたボーカルの波形を張っていくわけです。これなら、本来のボーカルの少し前から出すなど、ディレイ単体ではできないことも可能です。そして、コピーの方は激しくエフェクトをかけたりパンのオートメーションを書いたりして、自由自在な効果を演出するわけです。波形をリバースするなど、バリエーションは無限に

考えられます。もちろん隠し味的にも使えるテクニックなので、これはオススメです。

そして、シェールやダフトパンクで有名なケロ声。これはANTARES Auto-Tuneというピッチ修正ソフトで作るのですが、レガートで歌ったものに対して激しく修正をかけることで得られるようです。筆者はアコースティック系の仕事が多いので、リクエストを受けたことはありませんが、本来は修正を目的としたソフトで逆の効果を得るというのが面白いところですね。

参照：ハーモニクス系（倍音系）→P108、歪み系→P110

🔊 CD TRACK

03 ボーカルへの歪み付加
（Vo1➡Vo2➡Vo 1&2➡オケ中）
Vo1はコンプとSansAmpでざっくり歪ませ、そこにコンプ2段がけのVo2を8:2の割合で混ぜると、歪んでいながら芯のある声になります。

015

04 MIX TECHNIQUE

バックグラウンド・ボーカル
パターンによって定位はさまざま

コンプは深めが基本

バックグラウンド・ボーカル、いわゆるコーラスはさまざまなパターンがあります。ボーカリスト本人がコーラスするのか、別人がコーラスをするのか。そして、サビで2声が増えるようなタイプなのか、あるいは歌詞をきちんと歌う"字ハモ"なのか。それにより、定位やエフェクト処理も変わってくるわけです。ただコンプだけは、リードより深めにかけるという基本がありますが(設定は6dB〜8dB程度のゲイン・リダクション)。

まず本人が歌っている場合ですが、1声増える程度なら、基本的にはセンターに重ねるのが良いでしょう。2声以上の場合は、センターに重ねるか、あるいはLRに思い切り広げるか、2つの選択肢が考えられます。これは両方を試してみて、良い方を選べばOKです。

バンドでよくあるのが、ギタリストがコーラスを取る場合。これは、通常はその人が弾いているギターと同じ場所に定位させることになります。ライブを再現するというベーシックな考えからですね。

字ハモで1声の場合はセンターで重ねて、少し奥から聞こえるようにコンプで処理をします(アタック速め、リリース遅めで、深めにかける)。あるいは、リミッターを深くかけてから弱く出すというのも使えるテクニックです。そしてディレイやリバーブなどの空間系をリード・ボーカルよりも深めにかけて、リードを邪魔しない音場を作ってあげます。

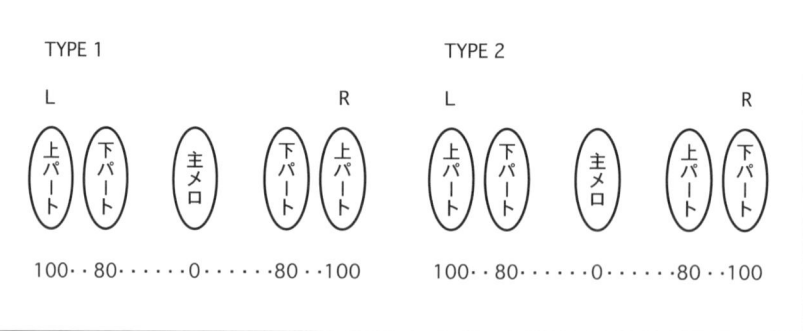

```
TYPE 1
L                              R
(上パート)(下パート)(主メロ)(下パート)(上パート)
100 ‥ 80 ‥‥‥ 0 ‥‥‥ 80 ‥ 100

TYPE 2
L                              R
(上パート)(下パート)(主メロ)(上パート)(下パート)
100 ‥ 80 ‥‥‥ 0 ‥‥‥ 80 ‥ 100
```

▲図① 3声の定位テンプレート

PART 1
ソース別処理方法

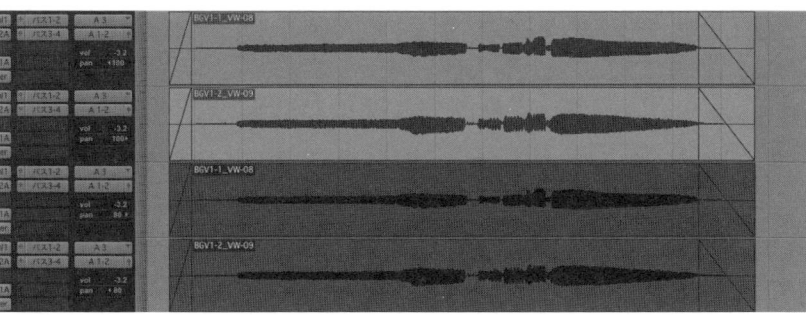

▲画面① コピー・トラックでコーラスの人数を増やした例

人数を増やしたい場合には？

サビで主旋律を合わせて3声を作るような場合、できればコーラスはダブルで録音しておきたいですね。そして、例えば上のパートはLRにフル（100-100）で広げ、下のパートは80-80くらいにしておく。もちろん両方が100-100でも聴いた結果が良ければOKですし、上のパートは80-100、下のパートは100-80と入れ子状にするのが効果的な場合もあります。ボーカリストには、50-50という設定が好きな人もいます。正解は1つではないので、自分の耳で好きな定位を選んでください。

空間系の処理は、筆者の場合はテンポ・ディレイ＋リバーブの定番セッティングを使っています。8分音符のディレイがLから、4分音符のディレイがRから返ってきて、しかもそれぞれリバーブが付くというものです（詳しくは各項で）。このディレイ＋リバーブへの送りの調整により、主旋律はセンターから聞こえ、コーラスが複雑に包み込むような音場を作ることができるわけですね。

コーラスの人数を増やしたい場合には、録音したものをコピーして使うのが良いでしょう。その場合、タイミングを少しだけずらしたり、定位を左右逆に変えたりすることで、"コピー感"は薄れます。さらに、ここぞというところでコピー・トラックにエグめのEQをかけて倍音をコントロールする（4kHz～8kHzあたり）。プロの歌手は、コーラスを重ねる時に自然に倍音コントロールをしているものですが、それを真似するような感覚です。単体で聴くとキツイ感じでも、薄く混ぜると良い結果を得られたりします。

参照：葛巻流リバーブ使用法→P086、コピペで繰り返しを作成→P138

🔊 CD TRACK

| 04 | バックグラウンド・ボーカル（処理前➡処理後） |

ディレイ、リバーブを含むすべてのエフェクトを切ったものと使ったもの。歌がうまいので音量調整だけでもそれなりに聞こえるが、後者の方が立体感があるのが分かります。

太いエレキベース
コンプは"かかりっぱなし"状態で！

録りはラインだけで良い

　まずは録音のことです。エレキベースはついついベース・アンプのマイク録りをしたくなるのですが、後々の処理を考えるとラインだけにした方がやりやすいですね。このときに、マイク・プリアンプ(DI)やケーブル(音声&電源)にこだわれば、結構簡単に良い音で録音できると思います。また、筆者の場合はコンプのかけ録りは行わず、プレイヤー用のモニターにだけ軽くかけるという感じです。

　ではミックスでの処理です。筆者の定番セッティングは、MCDSP AC1→コンプ→アナログ・シミュレーター→EQ→リミッターという順番でプラグインをかけ、複合技で1つのサウンドにしていくものです。以下、各工程を簡単に解説しますが、必ず同じプラグインを使ってほしいという意味ではありません。似た機能のプラグインはたくさんありますから、あくまで参考として考えてください。

　MCDSP AC1はアナログ・コンソールのシミュレーターで、筆者は全トラックの先頭にこれを挿しています。ドライブというパラメーターを少し上げめで使うのですが、卓のシミュレーターなので歪むことはありません。かなりほのかな効果ですが、コンプやリミッターをかけていくことで、後々良い感じになってきます。マシン・パワーに余裕があれば、こういったプラグインを使うのも吉です。

　次にコンプですが、アタックは速め、リリースは遅めでレシオが3:1くらい、ゲイン・リダクションは常に3dB程度の"かかりっぱなし"に。かなり深めの設定で、低音をしっかり固めるわけです。コンプでたたいた分のレベル・

◀画面① MCDSP AC1の設定。ドライブを結構上げても、歪むことは無い。効果はほのかなものですが、筆者の場合は全トラックで使っています

PART 1
ソース別処理方法

▲画面② コンプはかかりっぱなし状態で、低域のレベルをかっちり固めます

アップはこの後に行うので、アウトプットはそれほど上げないでOKです。

リミッターでコンプのかかりを強調

アナログ・シミュレーターは、筆者はMASSEY Tape Headを愛用していますが、DUY Dad Valveを始めさまざまな製品が選択肢として考えられるでしょう。Tape Headの場合はドライブが12時くらいでちょっと歪ませても、オケの中に入れたら違和感が無かったりします。ある程度歪ませた方がラインも出てくるので、オケとの兼ね合いで判断します。

EQは、基本的には補正用途です。プラグインを複合的に使うとローがふくらんでくるので、60Hzあたりを2dBくらいカット。ベースはローが大事ではありますが、これによりすっきりした低音になるはずです。ラインをより見せたい場合は、3kHz近辺をブーストするのも良いでしょう。最後にリミッターで5dBくらいプッシュしますが、これはフェーダーで上げても意味合いは同じです。ただ、コンプのかかりがリミッターで強調されるのがおいしいので、コンプのアウトでレベルを上げるよりはこっちの方法がオススメです。

いまいち低音感が出ない場合には、EQでローを足すのではなくアンプ・シミュレーターを使ってみましょう。IK MULTIMEDIAのAMPEG SVXは、マイクの位置などもシミュレートできるし、アンプ部のEQで音作りも可能です。これで、結構太くできますよ！

ともあれ、どの楽器でも同じですが、ソロで追い込むだけでなく、必ずオケと一緒に聴きながら作業をしましょう。

参照：ハーモニクス系（倍音系）→P108

🔊 CD TRACK

| 05 | 太いエレキベース（処理前➡処理後） |

シミュレーター、コンプ、EQ、リミッターの複合技で、太く量感のあるエレキベースが可能になっています。いろいろなものを混ぜ合わせて効果を作るのが、筆者の手法です。

019

06 MIX TECHNIQUE

ラインが見えるエレキベース
歪ませるのが手っ取り早い？

ローをカットという逆転の発想

　前項でも少し紹介したように、ラインを見せたい場合には3kHz近辺をEQで軽くブーストするのが手っ取り早い方法です。ハイを強調することで、ラインを目立つようにするという考え方ですね。

　ただ、EQというのはブースト方向に使うだけが能ではありません。実は、EQの基本はカット方向に使うことにあるのです。そういう意味では、ロー（60Hz近辺）を少し削ることを考えても良いでしょう。特に、マイク・プリアンプ（DI）やケーブルが高品質な場合、ベースがちょっと太すぎることがあるものです。しかも低域は結構レベルを取るので、ここをすっきりさせることで、曲全体の音量レベルを上げることも期待できます。

　また、歪ませることでラインが出てくるというのは、これまた前項で紹介した通りです。EQの設定は結構難しいので、そこにはまるよりは、こういったプラグインを使った方が簡便だと思いますよ。もともと、TECH21 SansAmpのようなコンパクト・エフェクターを使っているベーシストはたくさんいました。要は、その手法をDAWでも使ってみるということですね。

　ただし、よりラインを出したい場合には、コピー・トラックを作って、そちらを激しく歪ませてみましょう。オリジナル・トラックは素のままにして、両者のバランスでラインを出していくわけですが、これは結構使うことが多いテクニックですね。

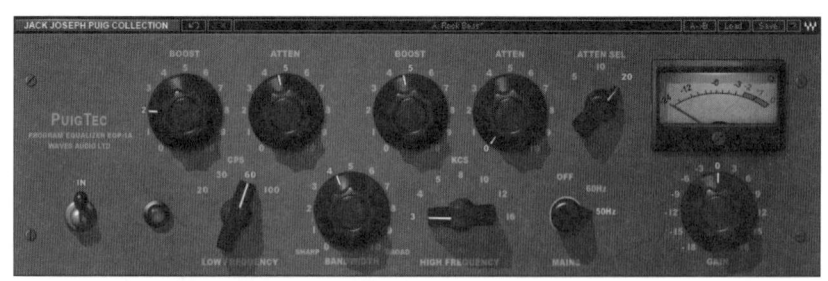

▲画面① 　ラインを出す場合のEQの設定例（ハイを強調してローをカットする）

PART 1
ソース別処理方法

▲画面② コンプはアタック遅め、リリース速め、レシオは低めでそろえる程度で

コンプでもラインは出せる

　歪ませるプラグインは、SansAmpのシミュレーターを始め、MASSEY Tape Headなど、さまざまな製品が考えられるでしょう。ただ、こういったタイプのエフェクトは個性がさまざまで、ソロで聴いた時のイメージとオケ中でのイメージが相当変化するものも多くあります。SansAmpなんかはエグくかかって面白いのですが、結構ローが減ってしまったりするんですね。ですので、特にエグい系のエフェクトで歪みを付加する場合には、コピー・トラックを使うのが良いと思います。逆に、原音に結構忠実なタイプであれば、チャンネル・インサートでもOKということですね。

　ベース・ラインを出すという意味では、コンプでフレーズのアタック部分を強調するのも有効です。アタック遅めでフレーズの頭がすっぽ抜けるようにして、リリースは速め、レシオも低めでそろえる程度にしておく。追い込むのはなかなか難しいかもしれませんが、これでラインが見えてくるはずです。ただ、コンプも個性がさまざまなので、あまり変化が感じられない場合は機種変更をしてみましょう。アタック／リリース・タイムが素直に変化してくれるモデルであれば、うまく行くと思います。

　なお、コンプでたたいてレベルが小さくなった分に関しては、後段にリミッターをかまして、そのアウトプットで調整するのが良いでしょう。これは、前項で解説したのと同じ理由によります。

参照：コンプレッサーの基礎知識→P088

🔊 CD TRACK

06　ラインが見えるエレキベース
　　（処理前➡処理後）

オケの中に埋もれがちなエレキベースのラインは、歪みの付加で際だたせるのが良いでしょう。コピー・トラックに激しくかけ、オリジナル・トラックとのバランスを取れば、かなり良いところに追い込めるはずです。

07 MIX TECHNIQUE

スラップ・ベース
コンプは常に8dBほどかける！

トラックを分けての録音が吉

　スラップ・ベースは録音が難しいので、まずは録音方法について述べておきましょう。特に難しいのが、曲中で普通に演奏する部分とスラップの部分がある場合ですね。この2つはレベル差が結構あるので、スラップ時に歪まないようにレベルを設定すると、普通の演奏時にかなり低い録音レベルになってしまうのです。なので、演奏を分けて録るのが基本です。

　演奏を分けたくない場合にオススメなのは、2つのトラックに同じ演奏をパラって録音するという方法です。そして、トラック1はスラップにレベルを合わせて録音し、トラック2は普通の演奏にレベルを合わせて録音をします。そして、ミックスをする際には、それぞれの必要なところだけを使うわけです。当然、トラック2ではスラップ部分が歪んでいるはずですが、そこは使わないので気にしない。また、わざわざスラップで演奏するということは、何か役割があるわけです。そのために、スラップだけに通常部分とは異なった処理を施す必要もあったりして、そのためにはトラックを分けるのが良いですね。このやり方は、アコギでストロークとアルペジオで音量差がある場合なんかにも応用できます。

　さて、こうして適正なレベルで録音できたとして、その処理について見ていきましょう。まずはコンプですが、スラップというのは波形を見ても分かるように立ち上がりが速い音

◀画面① 　コンプの設定例。常に8dBほどゲイン・リダクションされている、深めの設定です

022

PART 1
ソース別処理方法

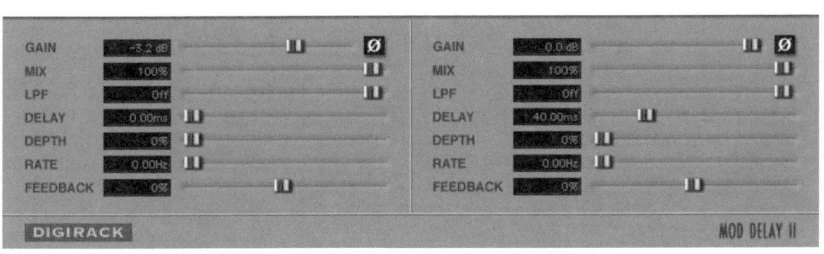

▲画面② ディレイの設定例。30〜40msec程度のショート・ディレイを返すのも面白い。その場合は、ディレイ音の返りは少し広げるくらいが良い

ですから、結構コンプをかけるのが大変だったりします。実際、あまりかかったように聞こえないわけですね。ともあれ、筆者の場合はレシオが4:1、アタックは当然速め、リリースは中央の値という設定にしています。これで、8dBくらいは常にリダクションしている感じですね。うまいプレイヤーの場合はもともと粒はそろっているのですが、それでもこれくらいはコンプしているわけです。

歪みやディレイ付加も良い

これに加えて、筆者の場合は歪み系／シミュレート系のエフェクトを少し足してあげることが多いですね。最近はMASSEY Tape Headを愛用していますが、PSP AUDIO Vintage WarmerやDUY Dad Valveなど、好みのものや手持ちのものを使ってみてください。今回は、Tape Headでドライブが中くらい、ゲインを上げめで歪みを演出しています。

また、ベースには空間系のエフェクトを使うことはあまり無いのですが、スラップに限ってはテンポ・ディレイやショート・ディレイをかけることもあります。テンポ・ディレイは曲のテンポに同期したもので、8分音符や4分音符など、ディレイ・タイムを音符で指定できます。筆者の場合は、8分音符がLから、4分音符がRから返ってくる設定が定番です（フィードバック量はその時に応じて）。ショート・ディレイの場合は、ディレイ・タイムは30〜40msecくらいが良いでしょう。わざとディレイ音を聞かせるような感じで、結構派手にかけるのが面白いと思います。この場合は、もちろんセンドでエフェクトに送ることになります。

参照：テンポ・ディレイ→P078、ハーモニクス系（倍音系）→P108

🔊 CD TRACK

| 07 | スラップ・ベース（処理前➡処理後） |

コンプでがっつりつぶしつつ、歪みを付加したことで存在感が増すはずです。この例では、フレーズ前半で空間系もかなり派手にかけています。

023

08 MIX TECHNIQUE

その他のベース
ウッドベースと打ち込み系の処理

ウッドベースでは60Hz近辺を強調

　ウッドベースはマイクとライン(ピックアップ)の両方を録音するのが普通ですが、使う場合はどちらかをメインにすることがほとんどです。8:2くらいの割合で、両者を使う感じですね。芯を出したい場合はラインをメインに、空気感を出したい場合はマイクをメインにと考えて問題無いでしょう。

　ミックスでの処理ですが、本来のジャズにおいてはそれほど音量は出さないものなのですが、クラブジャズ系では筆者のイメージ以上の音量を要求されることが多くなっています。当然、ローをたっぷり欲しいというリクエストも同時にされます。そのため、まずはEQで60Hz近辺をブーストしつつ、100Hz近辺を下げるようにします。もともとローがたっぷり入っている楽器ですから、ブーストした周辺を少しカットして気持ち良く聞こえるようにするわけです。

　それからコンプですが、これはがっつりかけます。設定はレシオが4:1〜6:1、アタックが速め、リリースが中間〜遅めで、ゲイン・リダクションが常に4dB程度。均一に聞こえるように、きっちり固めておきましょう。

　なお、マイクとラインの混ざりが悪い場合には、マイクの方のタイミングをラインに合わせるのも良いかもしれません。波形がそろうように、オーディオ・ファイルをずらすわけですね。これによりマイクならではの遅れが減り、芯が通った音になることが期待できます。もちろん、マイクが遅れていることが必ずしも悪いわけではないので、その辺の判断は聴きながら行いましょう。

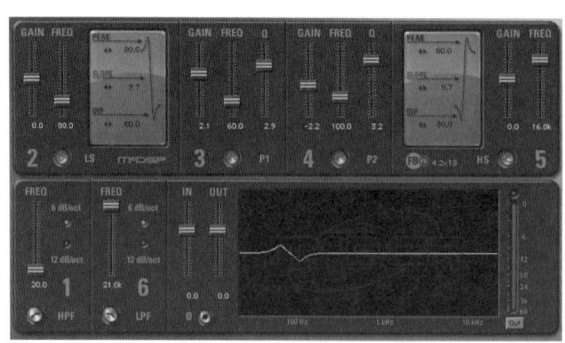

◀画面① ウッドベースへのEQ処理の一例。ローを強調する一方で、その周辺の帯域を少しカットするという合わせ技

PART 1
ソース別処理方法

▲画面② WAVES Maxx Bassでは、元音に無かった低域を足すことができる。打ち込み素材で低域の量感に不満があれば、試したい

打ち込みではサブベース使用も可

　打ち込みの場合はリアルな音場を再現する必要は無いので、好きなように処理をすれば良いはずです。しかし、周波数帯域としてはベースが一番下にいて(キックではない!)、下で支えるのがベースの役目だということは、意識しておくのが大事だと思います。このことは、打ち込みだろうが、エレキベースだろうが、ウッドベースだろうが変わりは無いのですから。そういう観点から、一般的な処理方法を解説しておきます。

　打ち込み素材の場合は、音源自体のサウンドが気に入っているのであれば、特にEQで補正する必要はありません。ただし、コンプは基本的にはがっつりかけることになります。基本的な設定はレシオが4:1程度、アタックが速め〜中間、リリースが中間で、ゲイン・リダクションは常に3dB〜4dB程度。低域が均一に聞こえるように、調整をします。

　なお、アナログ・シンセの場合は別ですが、打ち込みのベースは意外とローが足りないことが多いようです。もともと入っていないローは、いくらEQでブーストをしても出てくるものではありません。ですので、思い切ってサブベース系のプラグイン(WAVES Maxx Bassなど)で、ローを足すのも良いでしょう。この場合は、コピー・トラックに対して補正を行い、オリジナル・トラックとのバランスを探る方法が分かりやすいと思います。

参照：位相を合わせる→P144

🔊 CD TRACK

| 08 | 打ち込みベース（処理前➡処理後） |

何でもありの打ち込み系ですが、やはりコンプで固めるのが基本でしょう。低域が不足していると感じたら、サブベースで補正するのもオススメです。

09 MIX TECHNIQUE

エレキギター（バッキング）
定位と奥行きがキモ！

ギターが1本の場合と複数の場合と

　バンドのバッキングでエレキギターが入る際、ライブ・アレンジにのっとってギターを1本しか入れない場合と、何本かのギターをオーバー・ダビングする場合があります。

　まず前者ですが、バッキングのギターが1本だと、結構定位に悩むことが多いですね。フルに右とかフルに左ではなく、だいたい70くらいの場所に置くのが定番ですが……。ただ、3点定位至上主義のミュージシャンもいまして、そうなると右か左にフルで振ることになります。

　定位を決める際に1つヒントになるのは、ハイハットの位置です。ハットが右にあるのであれば、バッキング・ギターは左に置くことでバランスが取れるはずです。うまくバランスが取れない場合は、テンポ・ディレイ（8分音符）の返しを薄く逆側に置いてみましょう。ディレイ音が聞こえるか聞こえないか程度のレベルでも、何となく反対側がうまって聞こえると思います。

　同じフレーズを重ねて録音するダブルの場合は、2本のトラックを思い切りLRに振ってしまって良いでしょう。そして、テンポ・ディレイ（8分音符）の返しがそれぞれの反対側に行くようにする。これで、ちょっと不思議な厚みが出てくるはずです。この場合も、ディレイ音は聞こえるか聞こえないか程度でOKです。

　なお、筆者は定番的にテンポ・ディレイに対してリバーブをかけるようにしています。これにより気持ちの良い響きが得られますが、カッティングなんかではリバーブ無しでも問題無いと思います。空間系で付け加えると、付点8分のテンポ・ディレイを元音と同じ定

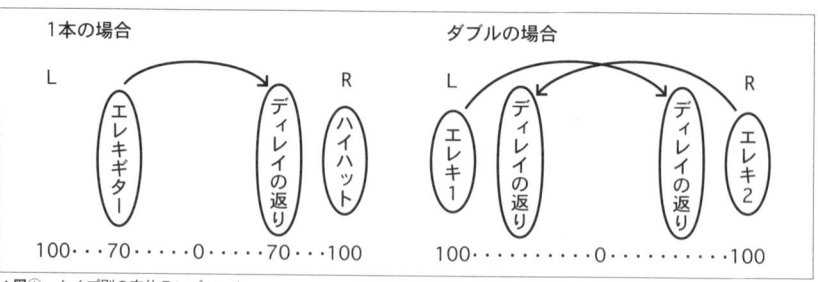

```
  1本の場合                      ダブルの場合
  L              R              L                           R
 ┌エ─→┌デ┐ ┌ハ┐         ┌エ─→┌デ┐     ┌デ┐←─エ┐
 │レ │ │ィ│ │イ│         │レ │ │ィ│     │ィ│   │レ│
 │キ │ │レ│ │ハ│         │キ │ │レ│     │レ│   │キ│
 │ギ │ │イ│ │ッ│         │1 │ │の│     │の│   │2 │
 │タ │ │の│ │ト│         └──┘ │返│     │返│   └──┘
 │ │ │返│ └──┘                  │し│     │し│
 │ │ │し│                          └──┘     └──┘
 └──┘ └──┘

 100···70····0····70···100      100··········0··········100
```

▲図① タイプ別の定位テンプレート

PART 1
ソース別処理方法

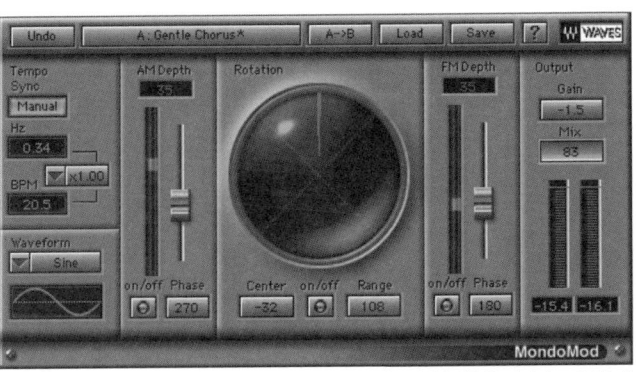

▲画面① Bメロでアルペジオという場合には、コーラスをかけるのが定番。しかも、ステレオで少し広げてあげると良いでしょう

位で返してあげるのも、トリッキーで面白い効果が得られます。

アルペジオにはコーラスを

　ダイナミクスの調整は、コンプで少し奥まった音像にしてあげましょう。アタック速め、リリース遅めで、深めにかけるのが定番的なセッティングですね。あるいは、リミッターを深くかけておきながら、アウトプットは小さめというのも使えるテクニックです。ちなみに、コンプは個性がさまざまですから、なかなか奥に行かせることができない場合もあると思います。その際は、使うコンプを変えてみてください。参考までに、こういった使い方で筆者のお薦めはBOMB FACTORY LA-2Aというプラグインですね。とにかく、楽器の置き場所を考える時は、LRの定位だけではなく、奥行きについても意識をしてください。センターで一番手前にいるボーカルに対して、前後関係はどうなっているのか？ これが結構重要なんですよ。

　あとバッキングに関しては、Bメロでアルペジオになる場合などは、コーラスをかけるのが定番です。モノラル入力／ステレオ出力のタイプをチャンネルにインサートして、LRフルではなく、センターから右70などの狭い範囲で揺れるようにしてあげましょう。さらに、テンポ・ディレイを反対側に返してあげれば、より自然な効果が得られると思います。
参照：葛巻流リバーブ使用法→P086

🔊 CD TRACK

| 09 | ギターが1本のバッキング（処理前➡処理後） |

コンプによる奥行き感と、ディレイに送ってのステレオ感が聞きどころ。アコギがダブルで入っているので、エレキは少し中寄りに定位させています。

027

10 MIX TECHNIQUE

打ち込みに混じるエレキギター
地道な工夫を積み上げてオケと一体化！

まずはディレイとリバーブを試す

　打ち込みとひとくちに言ってもさまざまなパターンがあるわけですが、一般論で言うと、生バンドに比べてどうしても臨場感とか空気感が欠ける傾向にあります。そういったオケの中でエレキギターをうまく聞かせる方法について、見ていきましょう。

　まず簡単にできるのが、バンドものよりはギターへのディレイやリバーブのかかりを深めにするという方法です。ディレイは、筆者定番のテンポ・ディレイがオススメです（Lから8分のディレイが、Rから4分のディレイがそれぞれ1回ずつ返ってくる）。リバーブはホールタイプが良いでしょう。そして、このリバーブをギターにもかけるし、ディレイにもかけてあげる。このようにして空間を表現した方が良いと思います。

　どうもギターだけが浮いて聞こえるという場合には、このディレイやリバーブをドラムを始めとするオケにもかけてみましょう。送り量のバランスをうまく取れば、オケとギターがなじんでくるはずです。また、アナログ卓のシミュレーターMCDSP AC1やURS Saturationのような、単体では地味な効果のプラグインを共通して挿すことで、ギャップが埋まってくることもあります。質感をそろえる意味で、同じコンプをかけるのが有効な場合もありますね。このように、ちょっとした工夫を地道に積み上げていくことで、トータルが確実に変わってくることを忘れないようにしてください。

▲画面① 地味なプラグインも共通して使うことで、質感がそろってくる。この積み上げがトータルで利いてくる！

PART 1
ソース別処理方法

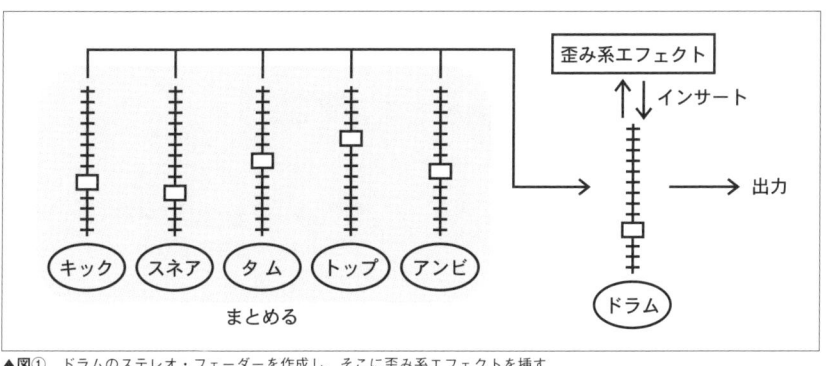

▲図① ドラムのステレオ・フェーダーを作成し、そこに歪み系エフェクトを挿す

ドラムを歪ませて空気感を演出

　ギターが浮いていると感じていたら、逆にオケを調整するのも、打ち込みの場合ではかなりアリです。特にドラムなどは空気感を出すために、多少歪ませたりしても良いと思いますね。まあ、最近は生音でもドラムをわざと歪ませることが多いので、その延長線上のテクニックと考えることもできるでしょう。

　この場合は、打ち込みのMIDIをオーディオ化する際にマイク・プリアンプやコンプ（ハードウェア）で歪ませるというのがまず1つの手です。ただ、これだと後戻りができないので心配という人もいるでしょう。そうであれば、ある程度ドラムの音を作ってから、ドラムの音だけをまとめてステレオのグループを作ってしまいましょう。そのフェーダーにBOMB FACTORY SansAmpなどの汚し系プラグインをインサートすれば、安全に音作りができます。あまり歪ませたくないなら、アンプ・シミュレーターのマイク部分を使っても同様に空気感は出せるでしょう。

　あと気を付けたいのは、帯域のぶつかりですね。基本的にギターはベースの少し上あたりにあるので、いろいろな楽器と帯域がかぶっています。特に打ち込みではアレンジ的にも盛りだくさんな場合が多いので、サウンドの密集地帯にギターがあると考えられます。ですので、やはりコンプで奥行きを演出するようにしましょう。EQ処理では楽器ごとの足し引きが難しいので、奥行きと定位でコントロールする方が自然なサウンドになります。

参照：葛巻流リバーブ使用法→P086

🔊 CD TRACK

10 打ち込み＋エレキギター
（処理前➡処理後）

どうもなじまない場合が多い打ち込み＋エレキギターという編成ですが、空間系を始めコンプなども同じモデルを使うことで一体感が生まれてきます。また、ドラムは多少歪ませて空気感を出すのが良いでしょう。

029

11 MIX TECHNIQUE

エレキギターのソロ
歌と同じ主役と考えましょう！

コンプで粒をそろえる

　歌ものであれば、イントロ、間奏、エンディングという感じで何個所かギター・ソロが入ることは珍しくありません。こういった場合は、歌と入れ替わりで登場するようなイメージですから、歌と同じような主役として扱うのが正しいでしょう。ですので、定位は基本的にセンターか、ずらすとしても10〜20程度の感じですね。今までサイドでバッキングを弾いていたギタリストが、ステージ中央に躍り出てきたような感覚で良いでしょう。しかも、奥行きも一番前まで来ている感じです。舞台前面で弾いているわけですね。

　また、ソロの場合は空間系エフェクトはかなり深めでも気持ち良い場合が多いです。筆者の場合は定番のテンポ・ディレイ＋リバーブなのですが、8分のディレイがLから、4分のディレイがRから各1回ずつ返ってきます。それに対し、ギターの実音とディレイ音のそれぞれにリバーブをかける感じです。これは、結構多めに送って大丈夫だと思います。

　コンプに関しては、アタックは中くらいから遅めで元音のアタック感が残る感じ。リリースは気持ち速めが良いでしょう。レシオは4：1くらいで、かかりっぱなしではなく、粒をそろえるような感覚です。ただし、ゲイン・リダクションは8dBくらいでもOKだったりします。ちなみにギタリストはコンプが大好きで、MXR DynaCompなどを足下に転がしているわけですが、録りでは、できればこれは使わない方が良いですね。特にオケが打ち込みだと、全部の要素ががちがちになってしまい、息苦しいと感じる場合が多いです。演奏に支障が出ないようなら、コンプはミックスでかけたいものです。

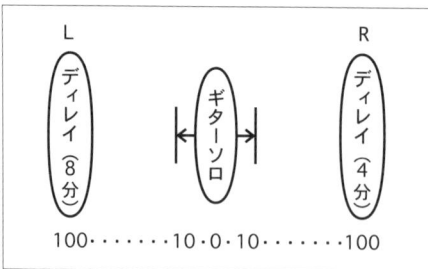

```
     L                              R
 ┌────────┐                    ┌────────┐
 │ ディ   │                    │ ディ   │
 │ レイ   │  ┌──────┐          │ レイ   │
 │        │←─│ギター │─→        │        │
 │ （8分）│  │ ソロ │          │ （4分）│
 └────────┘  └──────┘          └────────┘
   100 ······ 10·0·10 ······  100
```

▲図① ギター・ソロの定位例

PART 1
ソース別処理方法

◀画面① 左からオンマイク、オフマイク、アンビエンスのディレイへの送り量のバランス。アンビエンスは相当たっぷり送っているのが分かります

アンビエンスの処理がキモ

　存在感を増すために、歪みを付加するのもオススメです。筆者はMASSEY Tape Headを愛用していますが、PSP AUDIO Vintage WarmerやDUY Dad Valveなど、ふさわしいプラグインはたくさんあります。ミックスを進める内にだんだんギター・ソロが地味に聞こえてきたりしたら、試しに多少ドライブさせてみてはどうでしょう？

　録音トラックに余裕があれば、ギター・ソロはオンマイク＋1m程度のオフマイク＋アンビエンスで3トラックに録音しておくのも良いと思います。この場合、アンビエンスのマイクはギター・アンプに向かっていなくて、スタジオの壁に向かって反射音を狙ったりします。そうしておいて、アンビエンスの音にはコンプを思い切り深くかけ、さらにディレイをたっぷりかける。オンマイクとオフマイクにもディレイはかけるのですが、こちらはちょっと薄めにしましょう。これによりさまざまなディレイ音が混じり合い、気持ち良いソロが出来上がるのです。ぜひ試してほしいテクニックですね。

　なお、ギタリストとミックスをしていると必ず「ギターを大きく」とリクエストされるのですが、その辺に関しては後述のレベル書きなどでうまく対応しましょう。

参照：コンプで音量をそろえる→P090、テンポ・ディレイ→P078、音量レベルを書く→P134

🔊 CD TRACK

| 11 | エレキギターのソロ
（処理前➡処理後） |

オンマイク、オフマイク、そしてアンビエンスと3トラックを使って録音したギター・ソロ。アンビエンスを加工することで、かなり存在感を増すことができます。

12 MIX TECHNIQUE

アコースティック・ギター
小編成からバンド系までさまざま！

ステレオ・マイクでの録音が吉

　まず、録り方でアコースティック楽器全般にオススメなのが、コンデンサーのステレオ・マイクでの収音です。筆者はRODE NT4をよく使うのですが、ステレオ録音することにより自然な録り音になります。最近はコンデンサー・マイクも安価なものが多く出回っているので、ぜひ試してほしいですね。

　モノラルで録音した場合は奥行きを表現してあげる必要があるのですが、ステレオだと録った時点で奥行きがちゃんと出ている場合が多く良いと思いますよ（もちろん、セッティングにもよりますが）。なお定位に関しては、LRにフルで広げる感じではなく、多少狭めにした方が自然でしょう（70-70程度がオススメです）。

　アコギの良さは低域の豊かさと高域のジャリっとした感じですが、これは本来楽器が持っている成分なので、ノンEQでもいけるはずです。しかし、楽器や部屋の状態によってはEQ補正が必要な場合も出てきます。そんな時は、ローは60Hz〜100Hzをブースト、ハイは2kHz〜4kHzの倍音っぽいところをブーストしてみましょう。また、200Hz近辺は少しカットして、すっきりさせるのが効果的な場合もあります。ローを2dB上げたら、その上を1dB下げるような感覚でしょうか。

小編成ならリバーブは控えめに

　アコギの場合はアルペジオとストロークが曲中で交互に出てきたりするので、コンプで

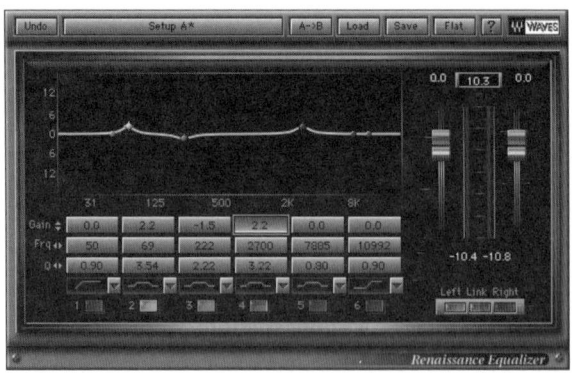

◀画面① EQ補正ポイントの例

PART 1
ソース別処理方法

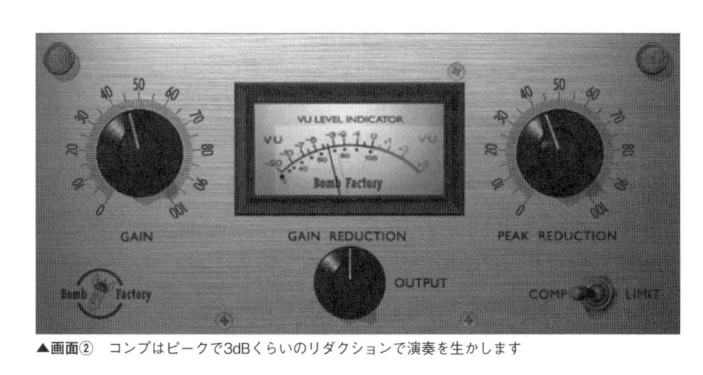

▲画面② コンプはピークで3dBくらいのリダクションで演奏を生かします

そろえる必要も出てきます。アルペジオで0dB～1dB、通常で2dB～3dB、そしてピークで3dB～4dBくらいゲイン・リダクションされる感じで考えてください。アタックとリリースは結構設定が難しいので、BOMB FACTORY LA-2Aのようなオートタイプを使うのも1つの手です。またコンプ1本で表現できたらベストですが、レベル差が激しい場合は小さいところにノーマライズをかけるか、トラックを分けてしまうなどの対策も必要ですね。

空間系は、筆者定番のテンポ・ディレイ＋リバーブを。8分のディレイがLから、4分のディレイがRから返ってきて、リバーブには原音とディレイ音それぞれから送っているというやつですね。ただし、小編成のアコースティックものの場合は、マスタリングでリバーブが強調される場合が多いです。「もうちょっと欲しいかな」くらいで止めておいた方が良い結果を得られるかもしれません。小編成の場合はEQも結構デフォルメされたりと、マスタリングで大きく変わる可能性が高

いので、慣れるまでは自宅マスタリングでシミュレートするのも良いでしょう。そこから戻って、リバーブやEQを設定してください。

なおバンド・サウンドに入っている場合には、チューブ・シミュレーターやMASSEY Tape Headなどでガッツ感を足すのもオススメです（特にストローク）。ポップスなどでアタックしか聞こえないストロークもありますが、ああいう効果が欲しかったらコンプでつぶして弦の質感だけを出すようにします。設定はアタック遅め、リリース中間～遅め、レシオ3:1～4:1で、アタックを強調しつつダイナミクスをそろえます。

参照：ノーマライズ→P130、葛巻流リバーブ使用法→P086

◁）CD TRACK

| 12 | アコースティック・ギター（処理前➡処理後）

アコギにディレイをかけ過ぎのように聞こえるかもしれませんが、歌が入るとこれくらいでなじむわけです。

033

13 MIX TECHNIQUE

ドラムのキック
ベースとのコンビネーションを念頭に！

60Hzと3kHz～5kHzに注意

　キックの役割とは、何でしょう？　基本的には、ベースと一緒になって曲のグルーブを作っていくのがメインだと考えて良いでしょう。帯域的にはベースが一番下にあり、そのちょっと上にキックがあるイメージです。ただしベースは結構高い成分もあるので、ベースの高域の方がキックの高域よりは上にある。まずは、これを念頭に置いて作業を始めてほしいと思います。

　録り方でよくあるのは、打面に近いオンマイクと、ちょっと離れたところで鳴りを録るオフマイクの2トラックを使うものですね。筆者の場合は、タイコの中にマイクを1本入れ（オンマイク）、YAMAHA Subkickという低音専用マイクで全体を録る方法をよく採用しています。Subkickだけだとボコボコの音なのですが、これとオンマイクのバランスと、ベースを加えた時、ドラム全体などを切り替えながらポイントを探っていきます。また、オンマイクとオフマイクの時間差が気になる場合は、オーディオ・ファイルの波形をそろえる処理も行いましょう。

　エフェクト処理自体はコンプとEQ、リミッターを併用する感じですが、まずはEQについて。低音の鳴りは60Hzあたり、高音のアタックは3kHz～5kHzをブーストすることで強調できるはずです。この辺はキックの気持ち良いところなので、プロデューサーさんなどに言われないでも、出したい部分ですね。また、ベースとの帯域かぶりが気になる場合は、200Hz～300Hzあたりをざっくり落としてみるのも有効です。センターにあるキックとベースが、帯域的にもうまくつながるような感じを目指してください。

◀写真① YAMAHA Subkickは、ウーファー・スピーカーを利用した低域専用マイク。大口径の振動板により、自然な鳴りの低域を収音してくれます

PART 1
ソース別処理方法

▲画面① キックのEQポイント例。60Hzと5kHzをブーストしています

最近はアンビエンス重視なので

　コンプに関しては、毎回1dB〜2dBのゲイン・リダクションがあるような感じで、オンマイクにもオフマイクにもかけます。アタックは遅め、リリースは速め、レシオは2:1程度で良いでしょう。これにより、多少奥に引っ込んだ感じになり、一番前に出ているボーカルとのバランスが奇麗になるはずです。

　と、細かい話をいろいろ書いてきましたが、実は最近のドラム録りではアンビエンスが重用視されていたりします。アンビエンスはドラム全体を録るようなイメージで、結構距離を置いて立てられたマイクですね。場合によっては、アンビエンスがメインで、そこにキックのオンマイクを少し足していくようなこともあるわけです。そうなると、EQやコンプでオンマイクの音をかなり追い込んでも、それほど意味が無くなってしまう。キックの音はトップ・マイクにも盛大にかぶっていますし、マルチマイクで収音している場合は、あんまり単体のトラックにこだわらない方が得策かもしれません。木を見て森を見ずにならないよう、大きな視点でドラムを考えましょう。その際のヒントとなるのが、冒頭に記したキックの役割なのです。

参照：キックとベースの合わせ技➡P046、ドラム全体➡P042

🔊 CD TRACK

| 13 | キック（処理前：キック➡サブキック➡キック＋サブキック）

まずは2本のマイクそれぞれの音を聴いてみましょう（6.5:3.5くらいのバランス）。サブキックは、こんなにぽよんとしているんですね。

| 14 | キック（処理後：キック➡サブキック➡キック＋サブキック）

コンプとエフェクトで処理して、それぞれを合わせるとこんな感じです。ビッグになっていますね。

| 15 | キック（処理後：ドラム＆ベース➡オケ中）

ほかのソースも同様ですが、特にキックは単体だけで聞かずに、全体の中での位置を確認するようにしてください。

035

14 MIX TECHNIQUE

ドラムのスネア
打面側のマイクが基本です！

伸びシロを残して作業を始める

　キックが下でどっしりと支えているとしたら、スネアは高い音域で遊びながらリズムを表現する楽器と言えます。キックがベースと絡むようなコンビネーションは、あまり考える必要がありません。

　ただしミックスは、キックとスネアから始めることが多いです（両方センター定位が基本）。その場合、作業が進むとキックとスネアが小さく感じられてくることがあります。なのでキックとスネアの音作りをする際は、両者を出した時のマスター・レベルを−6dB程度にするのが良いでしょう。そこから始めて、さまざまな楽器やボーカルを入れてマスターの音量が上がり、最終的にピークが0dB近辺になるようにする。最初からスネアとキックで0dBにしてしまうと、マスター・フェーダーを下げることにもなりかねないし、キックやスネアが曲に埋もれることにつながります。伸びシロを残して、作業を始めましょう。

　さて、スネアの録り方で多いのは、打面側と下側の2本のマイクで収音するというものです。この場合は、響き線（スナッピー）をとらえる下側のマイクをフィーチャーしたくなるものですが、基本は打面側です。そこに、スナッピーの音を足していくようなイメージが正解です。また、上下のマイクの位相が気になる場合は、オーディオ・ファイルの波形をそろえましょう（位相合わせ）。

　アタックと胴鳴りのEQポイントを探ると、おいしい帯域は下が60Hz、上が2kHz〜5kHzという感じです。実は、キックとそんなに変わらないんですね。プロのエンジニアはさまざまな帯域をいじっているように思われていますが、実際にはほとんどの楽器で気持ち良い帯域は似通っていたりします。そう考えると、そもそもEQする意味もあいまいになってきますし、やはりノンEQでいける

画面① スネアへのEQ例

PART 1
ソース別処理方法

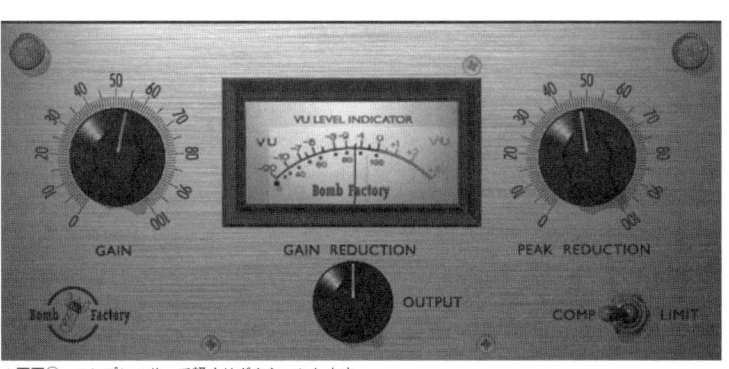

▲画面② コンプレッサーで軽くリダクションします

マイキングを見つけるべきだという王道の結論にも達するのですが、それはさておき……。

コンプで常に2dB程度はリダクション

コンプは結構かけて良くて、常に2dBくらいリダクションされている状態でOKでしょう。アタックは中間、リリースは速め、レシオは2:1〜3:1といった感じです。ゲイン・リダクションした分は、コンプのアウトか、後段に入れたリミッターのアウトで回復します。

また空間系は、アンビエンスがあれば全く無しでも構いませんが、バラード系ではリバーブをかけるのも定番です。その際は、リバーブ・タイムが長めのラージ・ホールにすると良いでしょう。また、タムやオーバーヘッド、スネアのトラックに対してリバーブをかけるのも良いですよ。スネアのかぶりに遠い余韻ができて面白かったりします。

とは言いつつ、キック同様に最近はアンビエンスのサウンドをフィーチャーするケースも多々見られます。アンビエンスに、スネアやキックを少し足すわけですね。こうなると、単体のトラックを追い込むことにあまり意味が見いだせないのは、キックと同じです。またこの場合、リバーブも無しで良いでしょう。

参照：位相を合わせる→P144、ドラム全体→P042

🔊 CD TRACK

16 スネア
（処理前：トップ➡ボトム➡トップ＋ボトム）
まずは2本のマイクそれぞれの音を聴いてみましょう（6:4くらいのバランス）。

17 スネア
（処理後：トップ➡ボトム➡トップ＋ボトム）
コンプでつぶし、EQで胴鳴りとアタック感を強調しています。

18 スネア
（処理後：ベース＋ドラム➡インスト全体）
スネアの余韻は、トップやアンビのマイクに入っています。それらが合わさってスネアの音になり、ドラム・セットの音になっているのを確認してください。

15 MIX TECHNIQUE

ドラムのタム
変な共鳴をカットしてすっきり！

必ずしもフルでLRに広げない

タムは通常、ハイタム、ロータム、フロアタムの3種類が使用されます。録音方法としては、それぞれのタムにマイクを用意して個別のトラックに収音するか、ステレオ・トラックにまとめてしまうか。筆者は後者の方法を採用することが多いですね。

いずれにしても定位について考える必要があるのですが、基本的にはタムをLRでフルに広げる必要は無いと考えています。アンビエンスはフルでLRに広げ、トップが80-80くらい、そしてタムが64-32くらいというのがオススメの定位です。ドラム・セット全体を正面から見た場合と、ほぼ同じようなイメージですね。アンビエンスは部屋の響きだから広げて、トップが実際のドラムのサイズ、その中にタムが収まるということです。ステレオだと何でも広げたくなるものですが、それは罠と言えるかもしれませんよ。と言いながら、ミュージシャンの中にはタムがLRにフルで定位しているのが好きな人も多くいるものです。タムのフレーズが、奇麗に左右へ流れていくのが好みなんですね。そういう場合は、リクエスト通りにしても良いでしょう。

また、タムを使った演奏は1曲の中でずっとあるわけではないので、無音部分は波形をカットする場合があります。ただ、意外に良い音がかぶっていることも多いので、筆者の場合はずっと出すようにしていますが。この辺は、お好みで。ちなみにライブPAでは、無音部分はゲートで切ったりしていますね。

◀画面① タムを太くするコンプの設定例（アタック遅め、リリース中間、レシオ浅め）

PART 1
ソース別処理方法

▲画面② タムへのEQの例。共鳴をカットしつつ、アタックを強調。また、ローもカット方向で考えます

コンプで太くする

　エフェクト処理に関しては、まずはコンプである程度そろえましょう。アタックは中間〜遅め、リリースは速め〜中間、レシオは3:1〜4:1で、2dB〜3dBのゲイン・リダクションがある感じです。これはつぶすと言うよりも、太くするようなイメージですね。

　その上で、中低域(300Hz近辺)を少しカットというEQ補正を行います。ハイタムをたたくとロータムが共鳴したりという、タムに付きものの共鳴を少しカットしてすっきりさせるわけですね。チューニングやセッティングで共鳴ポイントは変わってくるので、試行錯誤してください。そして、高域の2kHz〜4kHzを少しブーストしてアタックを強調してあげます。ローに関してはあまり強調しない方が良いので、ブーストはしないですね。ハイタムでも結構低音があるので、逆にカット方向で考えましょう。空間系は、響きが欲しい場合にリバーブへ送る程度でOKです。

　実際の演奏よりもタムをフィーチャーしたいというリクエストも多いのですが、その場合にはリミッターで持ち上げるか、MASSEY Tape Headなどのシミュレーター系を試すのもオススメです。ドラマーがタムをたたく時は意外と軽いタッチなのですが、ミックスを進める中で「もっと上げてくれ。存在感が欲しい」と言われることはよくあるんですね。SPL Transient Designerのようなダイナミクス・プロセッサーで余韻を抑えて、すっきりさせてから大きく出すのも有効です。

参照：不要な部分の処理➡P122、ハーモニクス系(倍音系)➡P108

🔊 CD TRACK

| 19 | タム (処理前➡処理後➡オケ中) |

「大きく出して」と言われることも多いタムは、EQ補正等ですっきりさせてからリミッターで持ち上げると良いでしょう。

ドラムの金物系

トップ・マイクがかなり重要！

トップにはコンプをがっつりと

ここでは、ハイハットやシンバルなどのいわゆる金物系に関して見ていきましょう。

ドラムでかなり重要なのがトップに置かれたマイクですが、筆者の場合はステレオ・マイクを使うことが多いですね。そして、録音がうまくいった場合には、このトップにドラム全部の音がバランス良く入っているものなのです。もう、このマイクの音だけでOKという感じなのです。なので、トップはシンバル用ではありながら、むしろドラム全体を録るマイクと位置づけられます。

このトップの定位は、前項で記したように80-80くらいで広げるのが筆者の定番です。ただし、80-70とか70-70など、曲調に応じてバリエーションは考えられますので、ぜひ試してください。

エフェクト処理は、コンプで思い切りよくつぶすのが良いですね。「シャーン」と鳴っているシンバルが、「ゥワシャーン」となるくらい、アタック速め／リリース遅めで4dB〜8dBのゲイン・リダクション、レシオ4:1以上でがっつりいきましょう。そこに各パーツ単体の音を混ぜていけば、ドラム全体でかなり気持ちよくなるはずですよ。

EQはあまりしないで良いと思いますが、本来はシンバルの音だということを踏まえて、60Hz以下を切ることもあります。キックの成分を減らして、高域を奇麗に出すようなイメージです。そして、コンプで下げた分をリミッターで上げていきます。コンプのアウトで持ち上げるのも良いですが、筆者はリミッターでがつんと上げるのが好みです。コンプの効きには、合っていると思いますね。

▲画面① トップ・マイクへのコンプ処理の例。アタック速め、リリース遅めでかなりがっつりとかけております

▲画面② ハットへのコンプ処理の例。アタック速め／リリース遅めで、3dB〜4dBのゲイン・リダクションです

ハットは必ずローをカット

　一方のハイハットですが、リズム的には大事なパーツでありながら、トラック数の都合で削られるとしたら、まずはこのマイクが最有力候補となります。かぶりが多くて意外に使いづらいというのと、ハットの音はトップにも入っているので、単体のトラックが無くても何とかなるというのがその理由です。

　トラック数に余裕があって、ハット単体のマイクを収音できた場合は、まず定位は見ため通りに右側ですね。そしてロー（100Hz〜120Hz）をカットして、ハイの「シャリ」という感じを出すようにします。筆者は、これは必ず行いますね。その方が、全体に足した時に良い結果を得られることが多いからです。

　コンプは、アタック速め／リリース遅めで、レシオが3：1〜4：1、ゲイン・リダクションは3dB〜4dBという感じですね。かぶりが多いので、フィルインなんかでは結構コンプがかかってしまったりします。そういう意味でも、トップの音を中心に考え、ハット単体の音はあまり大きく出さないのが良いと思います。もちろんハットがグルーブのキモであるのは確かなので、全体ではちゃんと聞こえるようにレベルを調整してください。

参照：ドラム全体→P042

🔊 CD TRACK

| 20 | トップ
（処理前➡処理後➡オケ中） |

ドラムのキモとなるトップは、コンプで思い切りつぶしてOKです。そこに各パーツの音が加わり、気持ちの良いドラム・サウンドを形成します。バンド全体では、それぞれの楽器の音がうまく混ざっていることに注目！

MIX TECHNIQUE

ドラム全体
空気感を与えるアンビエンス

アンビエンス重視の傾向

　ここではドラム全体への処理を考えますが、まずはアンビエンス・マイクへの処理について。このマイクは、ドラムから3mくらい離れた場所に立てて、ちょっと高い位置から全体を録るようなイメージです。ステレオで収音するケースが多いですね。筆者の場合は、部屋の隅にマイクを置いて、壁に向けて反射音を録るようにしています。

　役割的には空気感の付加なのですが、トップと同様に、意外とこれだけでもOKな感じがするものです。あるいは、キックを少し足すだけとか、物足りないパーツの音を加えるだけで成立するかもしれません(その場合はオーディオ・ファイルの波形をそろえるのもアリ=位相を合わせる)。最近は、特にこのアンビエンスを重用視する傾向があって、単体のパーツを追い込む必然性が薄れているのは既に記した通りです。なお基本的な定位は、空気感の部分なのでLRフルで良いでしょう。

　アンビエンスのサウンドは、コンプで4dB〜8dBつぶして使うのがオススメです。アタックは速め〜中間、リリースは遅め、レシオは4:1〜8:1くらいというのが一般的な設定ですね。シミュレーター系で少しドライブさせたり、ステレオで録音しているのにあえてモノラルで使ったり、ボーカルと同じリバーブに送ってみたり、いろいろ遊べると思います。SPL Transient Designerのようなプロセッサーで、響きを抑えるのも面白いですね。

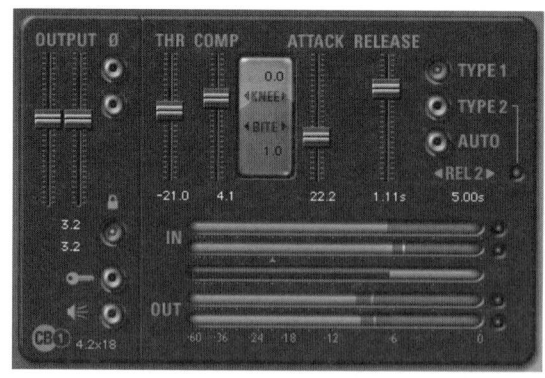

◀画面① アンビエンスはコンプで激しくつぶすのも良いでしょう

PART 1
ソース別処理方法

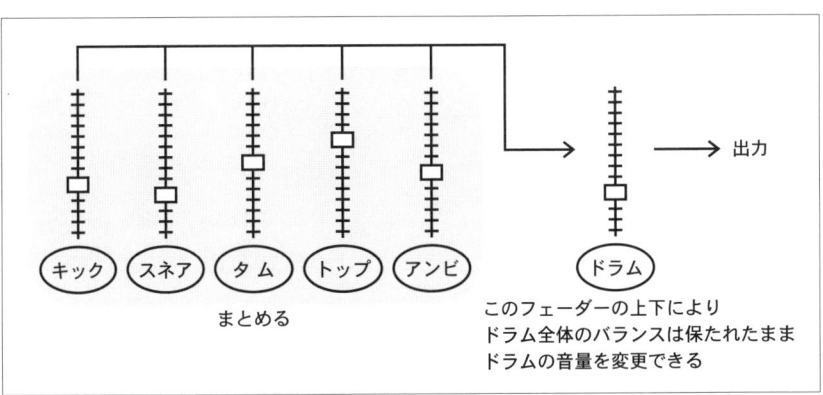

▲図① ドラムの各パーツをまとめて、グループ・チャンネルを作成する

ドラム全体のグループ化

　アンビエンスも含めて、さまざまなトラックを使ってドラム・サウンドが出来上がったら、そのフェーダーをまとめておくと便利です。グループ・チャンネル（ステレオ）を作ってしまえば、そのフェーダーの上げ下げだけで、ドラム全体のレベルを変更することが可能です。また、このグループ・フェーダーにコンプをインサートすれば、2chにまとまったドラム・サウンドに対して、さらにコンプをかけることができるのです。ドラム全体にリバーブをかける際なども、この手法は有効です。録音時に「モニターのドラム全体を下げて」なんて急に言われた際も、簡単に対応できますね。

　DAWによっては、グループ・チャンネルを作らないでも、簡単にチャンネル・フェーダーをグループ化できたりもします。この場合は、グループ化されたフェーダーのどれかを上げ下げすれば、グループ内のフェーダーは一緒に上下してくれます。もちろん、グループ内の音量バランスは保たれているので、非常に便利です。

　それに付随して、ドラムの場合は各パーツではボリュームのオートメーションを書かない方が良いことを記しておきましょう。トラック単体の音を上げ下げするレベル書きは、グループを作った時に処理がややこしくなりますからね。ドラム全体のフェーダーをいじった方が、すっきり作業ができると思います。

参照：ハーモニクス系（倍音系）→P108

🔊 CD TRACK

| 21 | ドラム全体 |

ここでは、ドラム全体のサウンドを**処理前➡処理後➡バンド（アンビエンス抜き）➡バンド（アンビエンスあり）**の順番で聴いてみましょう。いかにアンビエンスで色気が出ているか、分かりますよね。

043

18 MIX TECHNIQUE

打ち込み系のドラム
追い込みやすいので頑張ろう！

各パーツの処理

　打ち込みのドラムは生と異なり、基本的にはかぶりが無いのでコンプやEQで追い込みやすいと言えるでしょう。最近はソフト・サンプラーでアンビエンス成分まで用意されていたりしますが、その場合は生同様に考えるとして、打ち込み系のドラム全体への処理を見ていきます。

　まずキックですが、レベルをそろえるというよりは質感の部分でコンプをかけるのが良いでしょう。筆者の場合は必ず薄くかけるということをしますし、場合によっては二段でコンプをかけても良いでしょう。この場合は薄く＋薄くで、コンプのキャラを2つ足していくようなイメージで。EQをするなら、倍音の2kHz〜4kHzあたりを突いて混ざりを良くするとか、ローミッドの200Hz〜300Hzあたりをカットしてこもっている感じを抜きましょう。

　4つ打ちのキックだと結構最初からつぶれた音だったりしますが、あえて深めのコンプでさらにつぶすのが効果的です。その後にリミッター（マキシマイザー）を入れてガツンとレベルを持ち上げれば、かなり前に出てくるはず。4つ打ちだったら、ボーカルくらい前面にキックが出ていてもOKなので、思い切りよくいきましょう。さらに、本来はEQで補正するような200Hz〜300Hzもガツンと出す。おいしい低域がふくらんでいる160Hz辺りも、プラスしても良いかもです。ただし、マスタリングでさらに強調されるので、そこは要注意といった感じでしょうか。

　スネアは、打ち込みの場合は基本的にEQ

▲画面①　一般的なキックへのEQ例（ローミッドをカットしつつ、ハイを突く）

PART 1
ソース別処理方法

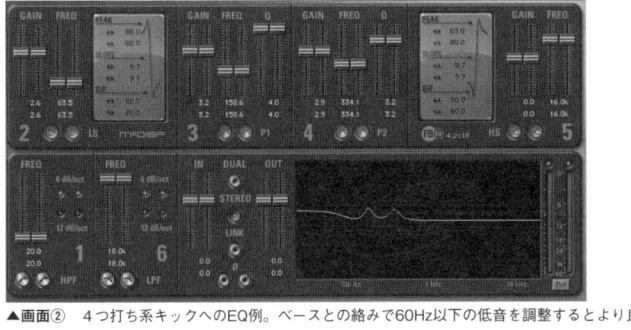

▲画面② 4つ打ち系キックへのEQ例。ベースとの絡みで60Hz以下の低音を調整するとより良い

無しで良いでしょうが、ガッツ感を出したい場合にはコンプやシミュレート系のプラグインをインサートします。コンプはアタックは中間、リリースは速め〜中間、レシオが2:1〜3:1で、リダクションが2dB〜3dBという感じで。また、余韻が無い場合にはリバーブに送るのが良いでしょう。

金物系はハイが強調されている場合が多いので、気になったらハイをカットするか（4kHz近辺）、逆にローを足すくらいでもOKです。特にハイハットは！

空気感を出したい場合

全体への処理を考えると、空気感が無くて味気ない場合には、セットのバランスを取ってからドラムだけの2ミックス・ファイルを作ってしまいましょう。これをコンプで思い切りつぶして、リバーブに深めで送ってあげて、もとのドラムに軽く混ぜてみます。これで、意外に空気感が演出できるはずです。昔は、ドラムだけの2ミックスをスピーカーで鳴らして、それをレコーディングし直すと

いうことも行われていました。今だったらそこまでしないでも、プラグインのアンプ・シミュレーターを試すのも良いでしょうね。

打ち込みの場合は、キックはこの音源、スネアはこの音源……というように、バラバラのパーツでキットが出来上がっている場合も多いでしょう。そうなると、各パーツの余韻と曲のテンポが合っていなくて、結構気持ちが悪かったりします。なんか変だなと感じたら、SPL Transient Designerをドラムにかけてノリを変更してみましょう。この場合は、ドラムの2ミックスまたは単体で気になるトラックにかけて余韻をコントロールするのが良いと思います。これはかなり効果的ですよ。

参照：ダイナミクス・プロセッサー→P114

◀))CD TRACK

| 22 | 打ち込みドラム（処理前➡処理後➡オケ中） |

個々のバランス、コンプ感、リバーブ感などが過剰に思えるかもしれませんが、全体に合わさるとちょうどよく聞こえるところに注目してください。

045

19 キックとベースの合わせ技
周波数的にもアタック的にもつながっている！

トラックは隣り同士に配置

　ミックスで音を作っていく際は、単体のトラックをソロで聴くのはもちろんのこと、全体で出してみたり、他の楽器との組み合わせを聴いてみたりと、コンビネーションが大事になります。単体ではかっこ良くても、オケに混ぜたらしょぼいということは、よくありますからね。そんな中でも、ドラムのキックとベースは重要な組み合わせなので、項を1つ設けて考察しようと思います。

　低音を支えるキックとベースですが、帯域的にはベースが一番下になります。その上にキックが来て、キックの高域よりはベースの高域の方が上にある。だから、ベースの帯域の上の方に、キックが含まれるようなイメージですね。しかも、定位は通常キックもベースもセンター。ですから、この2つのコンビネーションは非常に大事なのです。

　実作業では、キックの音を作る時にはベースを一緒に出し、ベースの音を作る時はキックを出すというように心がけましょう。もちろんソロでも聴くのですが、組み合わせて良くなるようにするわけです。

　ベースがラインだけだったら（＝かぶりが無い）、キックのすぐ隣にトラックを配置するのも良いでしょう。そうすれば、アタックの波形がそろっているかを確認しながら作業を進めることが可能です。もしずれていて、しかも聴いていて違和感があるようだったら、部分的にタイミング修正をすれば良いでしょう。ただし、生演奏では多少のズレは付きも

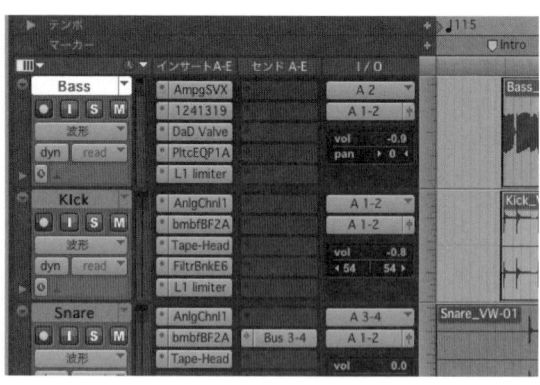

◀**画面①**　キックとベースのトラックは、すぐ近くに配置すると何かと便利です

PART 1
ソース別処理方法

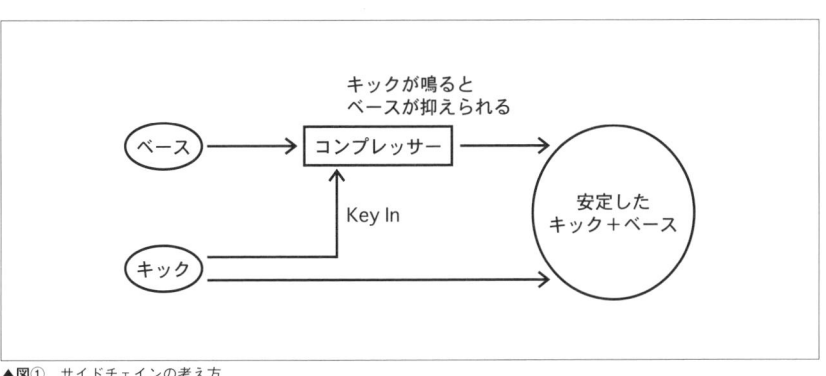

▲図① サイドチェインの考え方

のですし、聴いておかしくない場合も多いので、あまり神経質にはならないように。

アタックに関して少し補足すると、ベースはあまりコンプでつぶさない一方で、ドラムは結構コンプがかかっていることが多くなります。そのため、ベースでグルーヴを出しつつ、若干ではありますが遅れてキックがかぶさってくるようなイメージとなります。この2つの組み合わせで、リズムを作っていくわけですね。

ベースはラインだけでも可

最近はドラムのサウンドがアンビエンス中心に移行しているので、逆にベースはラインだけでも良い場合が多くなっています。ベース単体で聴くと空気感が欲しいと思えても、ドラムのアンビエンスが多く出ていると、そんなに必要性が感じられないんですね。むしろ、ラインがきっちり見えて良い場合も多いくらいと言えるでしょう。ベースの項では空気感が欲しい場合はアンプ・シミュレーターを使うことを提案したりもしていますが、まずはドラムのアンビエンスとの兼ね合いを見てみましょう。

なおキックとベースの量感を一定にするために、サイドチェインを利用するという手もあります。キックの音声信号をコンプのサイドチェイン端子に送り、ベースの音量をコントロールするわけです。これにより、キックが鳴るとベースが抑えられるので、低音のボリューム感が曲を通して安定します。筆者はあまり使わないテクニックですが、キックとベースの関係がいかに深いか分かる手法ですね。

参照：全体を見ながら作業しよう→P160

🔊 CD TRACK

| 23 | キックとベースのコンビネーション（処理前➡処理後➡オケ中）|

周波数的にも近くにあり、定位もセンター、しかもアタックが共通することも多いキックとベース。この2つは、バラバラではなく合わせて考えるのが良いでしょう。

047

パーカッション
大型の楽器は帯域のかぶりに注意！

基本はステレオでの収音

　パーカッションはさまざまなものがありますが、基本的には少し離れた場所からコンデンサーのステレオ・マイクで収音するのが良いと思います。ダイナミックよりはコンデンサーの方が、モノラルよりはステレオの方が、後々の処理が面白くなりますからね。また、ドラムのようにアンビエンスも2トラック用意できたりすると、ミックスでの音作りの幅が広がります。トラック数に余裕があるなら、計4トラックでの収音がオススメです。

　では、簡単に各楽器ごとに見ていきましょう。結構難しいのがジェンベ（ジャンベ）で、ローからハイまでの広い帯域があるので、キックやベースと干渉してしまいます。センターに置くと気持ち良いのですが、ドラムとベースがある場合は、空いているスペースを探して、そこに狭いステレオで出すようにしましょう（1点から聞こえるような感じでも可）。アコギとジェンベだけなら、もちろんセンター定位でOKです。そして、低音が気になるようなら100Hz以下をシェルビングでカット。その上で、コンプでかなりつぶしても良いでしょう（アタック速め～中間、リリース遅め、レシオ4:1以上、4dB以上のリダクション）。他の楽器もそうですが、オンマイクよりはオフマイク（アンビエンス）の方が、EQやコンプでのコントロールが容易です。

　カホンも、ローは出るし高域はスネアとか

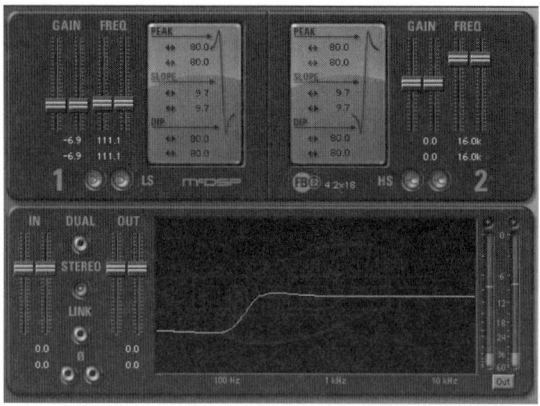

◀**画面①**　ジェンベなどのパーカッションは、EQでローをカットするのが良い

PART 1
ソース別処理方法

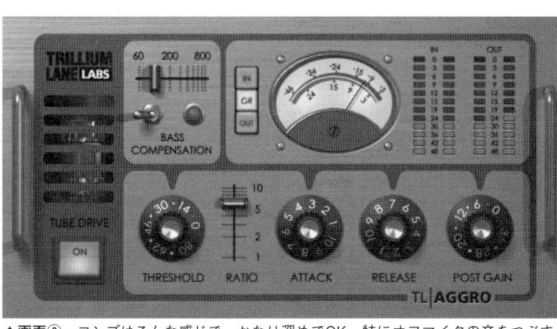

▲画面② コンプはこんな感じで、かなり深めでOK。特にオフマイクの音をつぶすと良い場合が多いですね

ぶるしで、なかなか難しい楽器です。ただ、カホン＋アコギみたいな小編成での使用が多いので、そういう場合はセンターに堂々と置いてOKとなります。バンド系に入る場合は、やはりローをカットしつつ、コンプでかなりつぶしてしまって良いでしょう。定位は、空いているところを見つけて狭いステレオで。なおオフマイク（アンビエンス）があれば、こちらにコンプを強くかけておきレベルも大きめにします。それにオンマイクの音を加えると、生々しいサウンドになるはずです（これはジェンベにも使えるテクニックですね）。

コンガも基本的には同様で、ローをカットしつつコンプ深めで良いでしょう。定位は、カホンやジェンベよりも少し広めでもOKです（もともと2台で使う場合が多いですしね）。また、この辺のパーカッションには空間系のエフェクトは基本的に無しで良いと思います。特にコンガのチューニングでは余韻もコントロールしているので、あえてリバーブを加えないのが正解です。

一発ものは大胆に遊びましょう

金物系のタンバリンや一発もののベルなどは、思い切り深くコンプをかけた後にたっぷりリバーブに送ってあげても好結果を得られると思います。単体で聴くとちょっとエグいくらいでも、全体で聴くと気持ち良かったりしますよ。その場合のリバーブは、ボーカルと同じものでも良いですし、プレートやラージ・ホールもオススメです。特に一発系は、大胆に遊んで構いません。ちょっとあり得ない設定のエコーやテンポ・ディレイなんかも、試してみましょう。

参照：イコライザーの基礎知識→P102、テンポ・ディレイ→P078

🔊 CD TRACK

| 24 | パーカッション
（処理後➡オケ中） |

単体で聴くとリバーブが強めにかけられているように聞こえますが、全体ではちょうど良い響きになっています。

21 MIX TECHNIQUE

生ピアノ
クラシック系かポップス系か

ピアノの音像は広がっていない

　生ピアノはなかなか録音が難しい楽器ですが、基本的にはコンデンサー・マイクを2本使って、音が鳴っているエリアをきちんとカバーします。その際、最終的に割と手前に位置させたいなら、フタの中に突っ込んでオン気味に収音しましょう。逆に奥行きを与えたいなら、やや離してフタのあたりから収音します。こうしておけば、ミックスでさらに奥行きを与えられるはずです。

　では、定位はどうしましょう？　DTM音源などでは、よくLからRに低い鍵盤から高い鍵盤までが奇麗に配置されていたりしますよね。しかし筆者としては、実際にホールでピアノが弾かれている状態を考えます。その際は、ホールの中央にピアノがあり、響きは全体的なものとしてあるわけです。つまり音像は広がっているわけではなく、響きが包み込んでいる状態です。ですので、この状態を再現する方が自然かなと思っています。そういうわけで、左右均等に広げるなら50-50程度が良いと考えます。またオケの隙間を考えて、必ずしもセンター中心ではなく60-0というような感じも良いでしょう。

　特に、クラシック系の演奏者とポピュラー系の演奏者では、ピアノでイメージする音像が結構違います。ピアノのフタで反射して遠くに音が飛び、さらにホールで反射した状態をピアノの音と考えるのがクラシック系です。その辺も踏まえて定位を考えましょう。

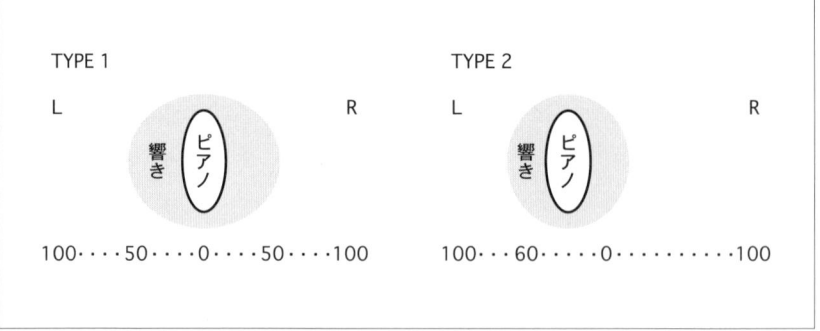

▲図① 　ピアノの定位のイメージ

PART 1
ソース別処理方法

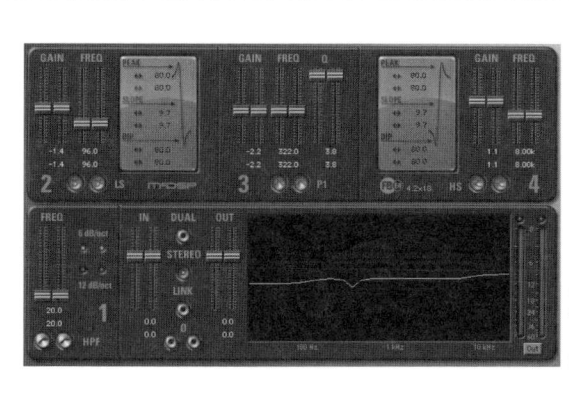

◀画面① ピアノへのEQの例。300Hz～400Hzをカットしつつ、低音もカット。さらに存在感を与えるために高域をブーストしています

300Hz～400Hzがキモ

EQ補正に関しては、ピアノがピアノらしく聞こえる中域や高域にはさまざまな楽器があるので、慎重に行います。Qを狭くして300Hz～400Hzあたりを思い切りブーストすると、"モワッ"とする部分があるはずです。そこをちょっと抜くと、すっきりするでしょう。さらに、和音がベースとぶつかって不快な感じなら、100Hzから下をカット。これはロー・カットでも良いですね。ピアノ全体の存在感を高めたい場合は、8kHz～12kHzを突いて空気感を出します。ただし、0.5dB～1dBのブーストでも結構音が変わるので、音の変化を聴きながら行いましょう。

コンプは、ミックス時にそろえる意味で、1dB～2dBリダクションしている程度で。

空間系は、おなじみのテンポ・ディレイにリバーブ（ホール系）をかける感じです。ただ、クラシック的なイメージだとそれだけでは響きが足りないので、リバーブ・タイムを長めにしてみましょう。この場合、例えばラージ・ホールにしてプリセットより多少リバーブ・タイムを短くするとか、スモール・ホールでリバーブ・タイムを少し長めにするなど、聴きながら一工夫するとさらに良い結果が得られます。リバーブはパラメーターの設定が難しいので、最初の内はリバーブタイプとリバーブ・タイムを操作するくらいで、あまり深追いしない方が賢明です。

なおバラードやアコースティック系のインストゥルメンタルでは、純クラシック的な傾向も強くなるので、アンビエンス・マイクを用意しておくのも良い手です。トラック数的にそれが無理な場合は、リバーブ（ラージ・ホールなど）で響きを付けても良いでしょう。

参照：定位の作法→P166

🔊)) CD TRACK

25 生ピアノ
オンマイク➡アンビエンス➡ミックス（処理前）➡ミックス（処理後）という順番で聴いてみましょう。センター近辺の実音と響きの関係が重要です。

22 MIX TECHNIQUE

ピアノ音源
リバーブ2個使いで自然な残響を！

定位は生ピ同様フルで広げない

　いわゆるピアノ音源の場合は、前項のような生ピアノ・サウンドをイメージして音作りをしていくことになります。要は、定位を100-100というようなフルで広げるようなことはしないで、センター近辺に置いてから、リバーブで広げてあげるわけです。

　ただ音源の場合に問題になるのは、基本的にオンマイクのサウンドが多いということです。すごく良い音で録れているソフト・サンプラーですら、こういったことは多くなっています。そのために、単にリバーブをかけてもイマイチ混じりが悪いということが起きます。音源と単にそれが響いている音があるような感じになって、どうも調子が出ないんですね。

　そういう場合は、思い切ってリバーブを2つ使ってみましょう。そもそも響きというのは壁や天井、床への反射ですから、いろんな距離がある中で、時間差で音が鳴っているわけです。そのイメージを、リバーブの2個使いで強調するわけです。筆者の場合はスモール・ホールとラージ・ホールという組み合わせでOKでしたが、ルーム系とラージ・ホールのような組み合わせも面白いでしょう。しかも、小さい部屋のリバーブからも大きな部屋のリバーブへ送ってあげる。さらにテンポ・ディレイを併用すれば、かなり複雑な響きを演出できるでしょう。

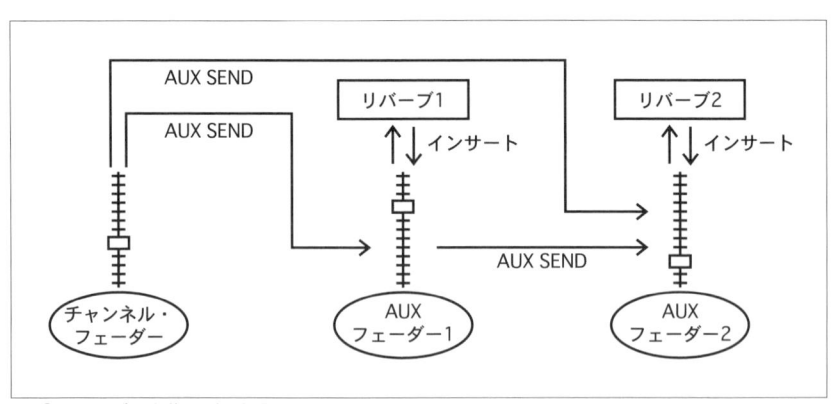

▲図① リバーブを2個使う場合の信号の流れ

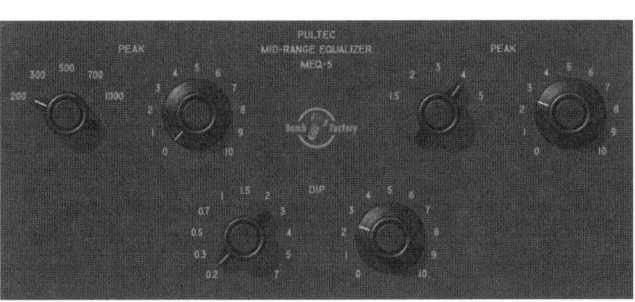

▲画面① ピアノ音源へのEQの例。ローよりはローミッド寄りの120Hz〜200Hzをカットします。ハイをいじる場合は、2kHz〜5kHzが良いポイントですね

エフェクト以外の要素にも注目を

　この場合、どちらかのリバーブには少しコンプをかけてつぶしたり、EQでローをカットする(またはハイをブーストする)などの補正をした方が、すっきりすると思います。EQでの補正はリバーブのパラメーターでやるよりも、リバーブの後に単体のイコライザーを入れた方がイメージ通りに操作しやすいと思いますよ。リバーブのパラメーターは、結構エディットが難しいですからね。

　さて、音源へのEQポイントは、ハイは2kHz〜5kHz。ローは、リアルさを追求した音源ではふくらんでいる可能性があるので、ベースとぶつかるなと思ったら120Hz〜200Hzを削ってあげましょう。

　コンプは生ピアノ同様、常に1dB〜2dBリダクションされているような感じでどうぞ。ミックスでそろえるようなイメージですね。

　なお最近のリアルな音源であれば問題ありませんが、少し古いDTM音源では、ピアノの音が細く感じられることもよくあります。

その場合は、真空管やアナログ機器のシミュレーターを使ってみましょう。MASSEY Tape Head や PSP AUDIO Vintage Warmer、DUY Dad Valveなど、さまざまな製品がリリースされているので試してください。倍音が加わるので慎重に使うのが大事ですが、かなりガッツ感は加わるはずです。

　ちなみにピアノ音源に関しては、録音でも頑張る余地は残っています。例えばストリングス系にはマイク・プリアンプを使わないけど、ピアノ音源では使ってみる。それだけでも存在感は変わってきます。あるいは、電源ケーブルを替えるだけでワンランク上のサウンドになったりもします。エフェクト以外の選択肢があることも忘れずに。

参照：ハードにもこだわる→P210

🔊 CD TRACK

| 26 | ピアノ音源
(処理前➡処理後) |

定位をあえて54-54にして、センター定位で響きが遅れて左右から聞こえるように演出しています。

23 MIX TECHNIQUE

オルガン
汚すかほんわかさせるか？

コーラスで揺れを演出

　オルガンというのはキーボードの中では、攻撃的なキャラクターのサウンドです。基本的には、包み込む系ではないということです。定位を考えると、一番しっくり来るのはギターの反対側に置いてあげるような感じですね。それで、狭い範囲で広げることで存在感が出てきますし、音がぼけません。空間系のディレイやリバーブも、基本的には目立たない程度の使用に抑えましょう。EQも、基本的には音源側での音作りを尊重する方向で。

　録りにさかのぼって考えると、1つの方法論としてはラインのモノラルでOKというのがあります。これを、チャンネル・フェーダーにインサートしたモノラル入力／ステレオ出力のコーラスで少し広げてあげるという考え方ですね。あるいは、ディレイで1回ステレオにしてからコーラスに通しても良いでしょう。いずれにしても、このコーラスの周期（レート）を調整して、LESLIEスピーカーのイメージ、"揺れ"を演出します。また、LESLIEスピーカーは無理としても小さなアンプを通してモノラル録音して、同様のエフェクト処理でも良いでしょう。

　また、Pro Tools8ではバンドルされていますが、オルガン音源のバーチャル・インストゥルメントを使うのもオススメです。音源部分はバイパスしてチャンネルにインサートして、LESLIEのシミュレーターとして使うわけですね。これだと、お手軽にLESLIEっぽさを演出できますね。

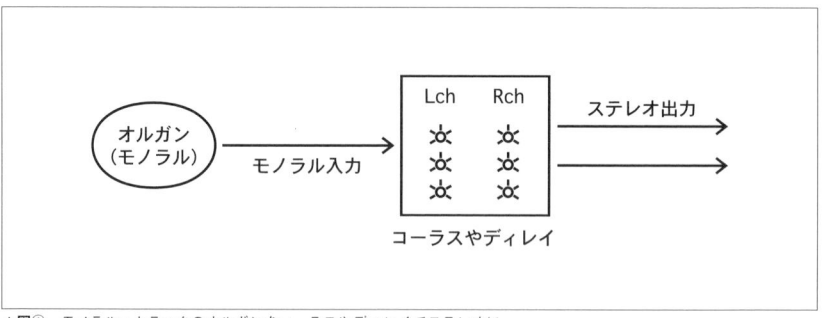

▲図① モノラル・トラックのオルガンをコーラスやディレイでステレオに

PART 1
ソース別処理方法

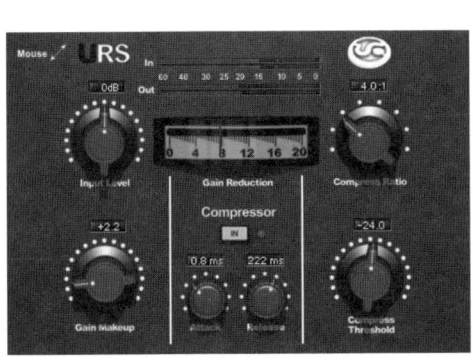

◀画面① ロック系のオルガンへのコンプ処理の一例（割ときつめ）

ロック系は歪ませてからコンプへ

　コンプをかける場合は、7dB～8dBくらいのゲイン・リダクションにして、かなり深めでOKでしょう。アタックは速め、リリースは中間～遅め、レシオは4：1以上といった感じでしょうか。

　コンプで歪ませるという意図は特にありませんが、場合によってはBOMB FACTORY SansAmpのような歪み系を使用してもOKです。特にロック系の楽曲では、かなり汚くても混ぜるとかっこ良かったりします。その場合は、歪ませてからコンプをかけて、塊として出すように意識します。この場合は特に、定位をぼやかさないような注意が必要ですね。

　なお、実はオルガンをほんわか聴かせるジャンルもあったりします。ラウンジ系やクラブジャズなど、ちょっとおしゃれな音楽ですね。こういった音楽ではソフトな音色にして、コンプでもあまりつぶさない程度にして、さらに定位を広げてあげたりもします。空間系は、ディレイでちょっと飛ばす感じ（設定はテンポ・ディレイで送りをたっぷり）。奥行きを表現できるコンプであれば、それで奥に引っ込ませるのも効果的です。

　では最後に、本物LESLIEの録り方を。LESLIEは低音用のスピーカーに加え、回転する高音用ホーンが2つという構成です。この高音部分が回転することでドップラー効果が生じ、独特のうねりが生じるわけですね（上ではそれをコーラスでシミュレートしました）。ですから、ホーンの中心から見て対称の位置に高音用のマイクを2本、そして低音用のマイク1本と、3本のマイクを使うのが基本です。高音はLRに振りますが、広げすぎないのが良いでしょう。

参照：コーラス→P106

◀)) CD TRACK

| 27 | オルガン
（処理前➡処理後➡オケ中） |

Tape Headで歪ませていますが、全体の中ではそこまでエグく聞こえません。ミックスでは定位100-22として、やや左に寄せています。

24 MIX TECHNIQUE

ストリングス
オーケストラの配置を知っておこう！

ストリングスという楽器は無い

　まず知ってほしいのは、ストリングスという楽器は無いということ。ストリングスとは、バイオリンとビオラ、チェロとコントラバスから成るチームなのです。バイオリンには第一バイオリンと第二バイオリンがあるので、トータルで5パートの編成です。ただポップスではベースがあるので、コントラバスは無い場合が多いですね。また、チェロとコントラバスは同じ演奏のことが多いです。ですから、ストリングスは基本的には4パートと考えて良いでしょう（弦カルテットですね）。

　ストリングスを生で録音する機会はあまり無いでしょうが、本物の配置を知っておくことは大事です。通常は第一バイオリン→第二バイオリン→ビオラ→チェロと、LからRに流れていくことになります。コントラバスがいる場合は、センターや右（R）の奥まったところに配置しましょう。また最近は、第一バイオリンと第二バイオリンをLRで振ってしまうこともあるようです。ミックスにおいても、このどちらかを踏襲した方がよりリアルになると思います。ただし、フルで100-100に広げるよりは、90-90くらいに狭めた方が良いケースもあります。

　いずれにしろ打ち込みでも、最初から和音で入れてしまうようなことはせず、各セクションは単音（単旋律）で作り、上記のような定位を作れるようにするのが良いでしょう。なお、"ストリングス"という音が用意されているような場合の対処は、後述します。

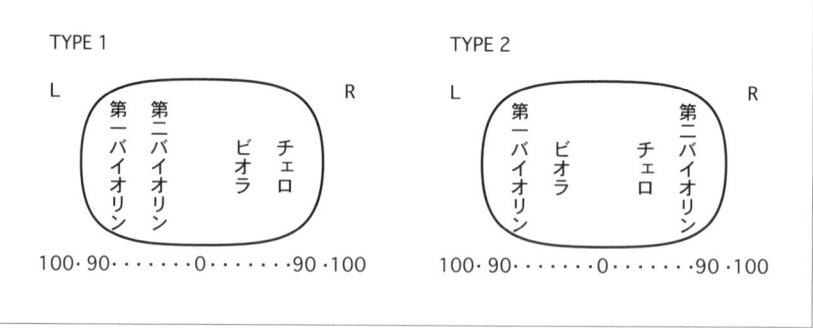

```
 TYPE 1                          TYPE 2
 L                  R            L                  R
   ╭─────────────╮                ╭─────────────╮
   │第 第 ビ チェ│                │第 ビ チェ 第│
   │二 一 オ ロ  │                │二 オ ロ  一│
   │バ バ ラ     │                │バ ラ     バ│
   │イ イ        │                │イ        イ│
   │オ オ        │                │オ        オ│
   │リ リ        │                │リ        リ│
   │ン ン        │                │ン        ン│
   ╰─────────────╯                ╰─────────────╯
 100·90······0······90·100       100·90······0······90·100
```

▲図① 　ストリングスの定位のイメージ

PART 1
ソース別処理方法

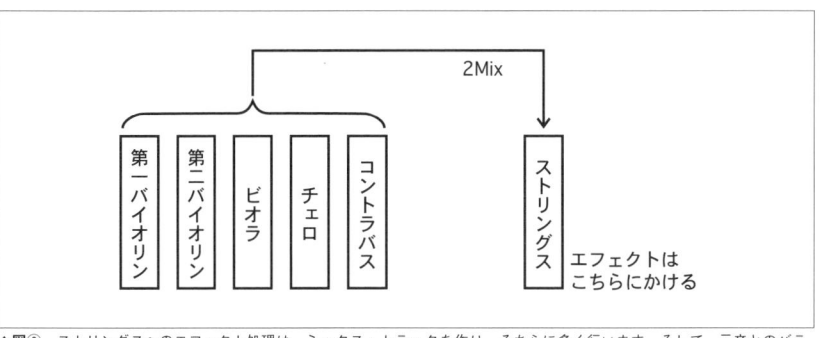

```
                                    2Mix
        ┌───┬───┬───┬───┐            │
        │   │   │   │   │            ▼
      ┌─┴─┐ │ ┌─┴─┐ ┌─┴─┐          ┌───┐
      │第 │ │ │   │ │コ │          │ス │
      │一 │第│ビ│チ│ント│          │ト │
      │バ │二│オ│ェ│ラバ│          │リ │
      │イ │バ│ラ│ロ│ス │          │ン │
      │オ │イ│ │ │   │          │グ │
      │リ │オ│ │ │   │          │ス │
      │ン │リ│ │ │   │          └───┘
      │   │ン│ │ │   │           エフェクトは
      └───┴──┴─┴─┴───┘           こちらにかける
```

▲図② ストリングスへのエフェクト処理は、ミックス・トラックを作り、そちらに多く行います。そして、元音とのバランスを取りましょう

MS処理してコンプというのも吉

　音源はそのままだといかにも直接音という感じのことが多いので、コンプや空間系のエフェクトも多用します。この時、ストリングス・セクションだけをミックスしたトラックを作り、そこに深いコンプをかけつつ、多めのリバーブに送るのが良いでしょう。そうして、元音と混ぜるわけですね。もちろん、元音にもリバーブやディレイをかけるのですが、ミックス・トラックにより多くリバーブをかけた方が生っぽい雰囲気が出てくるはずです。リバーブのタイプは、ホールやコンサート・ホールという名前のものがオススメです。ディレイは、いつものテンポ・ディレイですね。

　コンプに関しては、基本的には奥に引っ込むタイプを選びます。筆者の場合は、BOMB FACTORY LA-2Aを選ぶことが多いですね。これでつぶしていくと引っ込むのですが(アタックやリリースはオートです)、アウトで上げてしまうと前に出てきてしまうので、後段のリミッター(マキシマイザー)で聞こえる程度に戻すのが良いでしょう。あるいは、リミッター(マキシマイザー)でつぶして、しかもアウトを抑えめにします。そうすると、奥からちゃんとした音量で聞こえます。

　広がり感を調整する場合(特にストリングス音源)、MS処理がオススメです。MSにエンコードされたものにコンプをかけ、それを普通のステレオにデコードするのです。WAVES JJP Collection の FAIRCHILD シミュレーターにはMSエンコーダー／デコーダーが内蔵されているので、難しいことを考えずに操作できます。センターとLRの広がりをかなり操作できるので、ぜひお試しを。

参照：MS処理→P116

🔊 CD TRACK

28　ストリングス
　　(処理前➡処理後➡オケ中)

リバーブとディレイで空間を表現。またMS処理によりセンターとサイドで違うコンプ感を作り、奥から広がって聞こえる感じにしています。

パッド系シンセサイザー
オケの隙間を埋める！

ショート・ディレイで広げる

パッドとは詰め物という意味で、サウンドの隙間を埋めてくれる要素と考えれば良いでしょう。それ自体は大きく主張することの無いものですが、ストリングスと同じような感じで、奥で鳴っている。これにより、スカスカだったところも気にならなくなるわけですね。

まず定位ですが、フルで100-100に広げても良いのですが、音源によっては単にセンター定位に聞こえてしまう場合もあります。それを避けるためには、チャンネル・フェーダーにショート・ディレイをインサートしましょう。そうして、LまたはRのどちらからだけに、40msec〜50msecのディレイをかけてあげるのです。ちょっとダブルっぽいのですが、これでLとRに広がる感じが演出できます。

あるいは、ステレオ・イメージを操作するプラグインをインサートするのも良いでしょう。例えばWAVES Stereo Imagerなどは便利なのですが、LRの広がりの範囲（WIDTH）を指定した上で、それをL寄りやR寄りなどに動かすことができます。これで多少広がりを付けてあげると、良い感じで聞こえてくるはずです。

ステレオ・イメージ系のプラグインは、ミックスでも結構使う局面が出てきます。MS処理できるものも含め各社からいろいろな製品が出ているので、使いやすいものを手に入れてぜひ試してください。

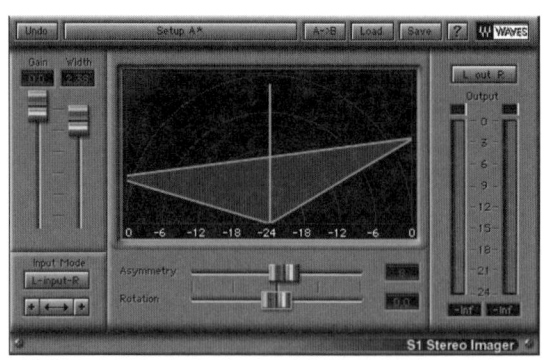

▲画面① WAVES S1でステレオ・イメージを作るのは結構オススメです

PART 1
ソース別処理方法

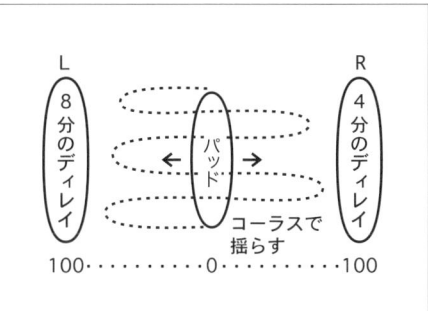

▼図① コーラスやディレイを使って、パッドを渦巻き状に広げるイメージ図。ミックスではこういうこともできるので、録音で音が薄いからと和音を無闇に増やすとかはしない方が良いでしょう

コンプの後はEQでハイを突く

　さて、パッド系シンセはストリングスと似た処理を行うので、コンプやMS処理をすることで奥行きを付けて、奥の方から聞こえてくる感じを演出するのも大事です。コンプは奥行きの出るタイプを選んで、結構きつめにかけてOKでしょう。MS処理をする場合は、WAVES JJP CollectionのFAIRCHILDのようなMSエンコーダー／デコーダー内蔵タイプを使うのが簡便です。あるいは、BRAINWORXなどのエンコーダーとデコーダーを前後に挟み、コンプをマルチモノラルで使用すれば良いでしょう。なお、パッド・サウンドはコンプで奥行きを付けると多少こもってしまう傾向があります。そこを補正するために、ハイ（2kHz〜4kHz）をEQで多少突いてあげましょう。そうすると、ラインを聴かせるという感じではなく、"奥から一応聞こえてくる"という感じになるはずです。

　またオケになじませるためには、空間系はたっぷりで良いでしょう。まずは、おなじみのテンポ・ディレイを深くかけてみます。筆者の場合はテンポ・ディレイがLは8分音符、Rが4分音符のディレイ・タイム設定なので、ディレイの返りがLRに広がるわけですね。そのディレイ成分は、さらにリバーブ（タイプはラージ・ホール）に送ります。これで、厚みが出てきます。また、直接音ではない音をたくさん返すことで、よりオケになじんでくると思いますよ。

　裏ワザとしては、元音をコーラスを使って狭い定位で揺らして、そこに思い切りディレイをかけたものをLRに返せば、渦巻き状に音が流れていくはずです。パッドの場合は、そういうエフェクトでオケの隙間をうまく埋めることもできたりします。

参照：ステレオ・イメージ系→P112

🔊 CD TRACK

29 パッド
処理前➡処理後➡ミックス（処理前）➡ミックス（処理後）という順番で聴いてみましょう。MS処理によりセンターとサイドでコンプとEQをそれぞれかけ、LRに戻してコーラスをかけ、ディレイやリバーブに送っています。

059

26 MIX TECHNIQUE

シンセのソロ
センター定位できっちり聴かせましょう！

倍音部分をプッシュ

シンセのソロというのは、ギター・ソロと同じような考え方で良いでしょう。原音はセンター近辺に定位させ、ディレイ音がちゃんと聞こえるくらいのちょっと深めのディレイをかけてあげる。ボーカルと交代で出てくるような要素ですから、音量は大きめ、奥行きも前面でOKでしょう。

またオルガンなんかと同じように、シミュレーターや歪み系のプラグインをインサートしてみるとかっこ良くなります。もちろん、コンプも必須ですね。

筆者の場合は、コンプで4dBくらいゲイン・リダクションする感じでかけます（アタックは中間〜遅め、リリースは中間、レシオは2:1〜3:1といったところ）。この場合のコンプは、かけても音源が奥に行かないものを選びましょう。さらにEMI AbbeyRoad Plug-Ins Brilliance Pack 135という"8kHzに特化したEQ"で+6dB、そこにさらにMASSEY Tape Headなんかをかましたりしています。EMIのEQが8kHzしか動かさないので、中低域を持ち上げるためにアナログ・シミュレーターを使用するわけですね。これにより、高域がきつくなるだけではなく、全体的にガッツが出てくる感じです。

ちなみに8kHzは倍音部分なので、プッシュすれば存在感がはっきりします。EMIプラグインのメーカーWEBサイトではこのEQの二段がけも推奨されているので、試してみてください。ちょっときついくらいの倍音の方が、オケで目立つ場合もありますから。もちろん、手持ちのEQでこの手法を試してもOKです。

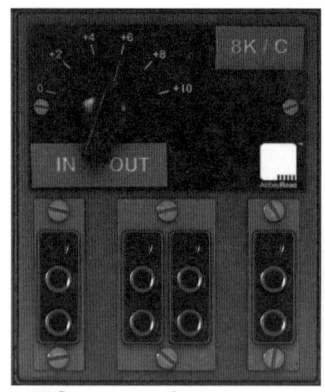

▲画面① EQでハイをブーストしつつ、シミュレーターで中低域を持ち上げる

PART 1
ソース別処理方法

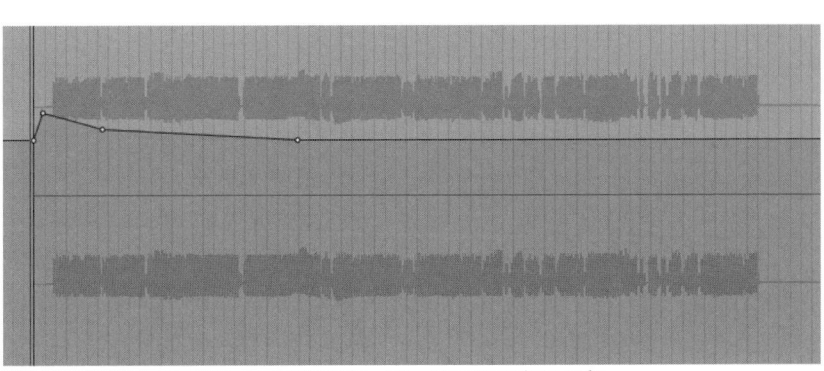

▲画面②　レベル書きの例。音量レベルの下がる音域や、フレーズのアタマは突いてあげる

レベル書きは必須

　音量に関しては、特にアナログ・シンセの場合に問題が出てきます。というのも、アナログ・シンセによってはある音域によって音量が小さく聞こえることがあるんですね。その場合はコンプでそろえるのは基本的に難しいので、レベルを書いてあげるか、そこだけノーマライズなどの処理を施すか……。まあ、筆者は前者の方法を採用することが多いですね。特にソロですと、広い音域を演奏が行き来することがありますから、前後のつながりを考えるとノーマライズという手法は融通が利かない局面が考えられますから。それに加えて、フレーズのアタマは突いてあげた方が良かったりと、意外とレベル書きは必要だったりしますしね。

　さて、レベルを書いてしまうとトータルの音量をフェーダーで管理するのが難しくなります。その場合は、コンプのアウトプット・レベルや、シミュレーター系のアウトプット・レベルで調整を行いましょう。

　空間系は、筆者おなじみのテンポ・ディレイ＋リバーブですね。4分のディレイがLから、8分のディレイがRから返ってきて、そのディレイ音がさらにリバーブ（2種類）にも送られています。深くディレイをかければ元音も少し奥から聞こえますし、浅めならちゃんと前から聞こえます。ぜひお試しを。

参照：葛巻流リバーブ使用法→P086

🔊 CD TRACK

| 30 | シンセサイザー・ソロ（処理前➡処理後） |

素晴らしい演奏のためにドライ音でも問題は無さそうですが、エフェクト処理後はよりオケになじんでいるのが分かります。Tape Headのドライブでガッツ感を出し、8kHzのみに特化したRS135というEQで倍音を強化し、深いディレイをかけています。また、フレーズの冒頭では軽くボリュームを突いています。

061

MIX TECHNIQUE

管楽器
生と打ち込みで異なる倍音処理

コンプはがっつり

　管楽器とは、サックスやトランペット、トロンボーンなどですね。まず録音についてですが、どうしても朝顔にマイクを向けてしまいがちです。でも実際は、管楽器の音は楽器全体から出ているのです。なので、30〜50cmくらいの距離から全体を録るイメージでマイキングをしてください。可能であれば、それにプラスしてコンデンサーで少しオフ気味で録れば(2m〜3mの距離)、後はコンプのかけ具合で奥行きや響きが調整できるでしょう。

　EQポイントは、2kHz〜5kHzを突いてあげるのと、ベースなんかがかぶってくるところをすっきりさせる意味で200Hzあたりをカットしてみましょう。場合によっては、100Hzを少しカットすることもあります。

　コンプは結構かけてOKです。ゲイン・リダクションが常に2dBくらいあって、ピークでは4dBくらい。アタックは速め〜中間、リリースは中間、レシオは3:1〜4:1といった感じですね。オンマイクとオフマイクがあれば、両方にコンプをかけます。この場合、オフの方によりきつくかけますが、オフの方が音量差は少ないので、結果的なコンプのかかり具合は同じような感じになります。

　ディレイとリバーブはいつも通りのテンポ・ディレイ+リバーブです。ただ、オンマイクから送るリバーブはあまりなじまないので、オフマイクからのリバーブ送りをより多くしています。この方が、より生っぽい結果になると思いますよ。ただ、響き具合のイメー

▲画面① 生のサックスへのEQはハイを突きつつ、200Hzあたりをカット

PART 1
ソース別処理方法

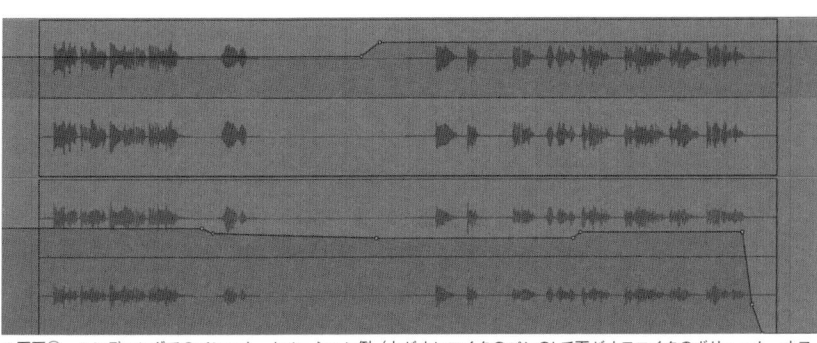

▲画面② エンディングでのパン・オートメーション例（上がオンマイクのパンのLで下がオフマイクのボリューム。オフは定位100-100のまま、ボリュームにより奥行きを表現しています）

ジはプレイヤーによって結構差があるので、その辺は事前に確認しておきましょう。

定位に関しては、ソロやイントロではセンターで良いのですが、エンディングで歌にかぶってくる際はちょっと横にずらしましょう。DAWでは、パンのオートメーションも書けるので簡単ですね。さらに、エンディングではオフの音をだんだん大きくすることで奥行きを増したり、いろいろできます。

音源では倍音と歪みを付加

打ち込みの場合は、どうしても生に比べると倍音が物足りないものです。なので、ただコンプをかけると細い感じになってしまいます。そこで、MASSEY Tape Headなどのアナログ・シミュレーターや真空管シミュレーターを先にかけて、歪み成分を付加するのがオススメです。これで、結構生っぽくなるはずですよ。コンプは、生音同様でOKでしょう。

さらにEQでは、8kHzあたりを突いてあげると空気感が出てくるはずです。200Hzあたりのローミッドは、生音同様にカット方向で試してみると、ベースとの絡みが良くなるかもしれません。

あと、生の管楽器の音は結構歪んでいるのですが、それをシミュレートした方が良い場合も多いですね。そうなったら、コピー・トラックを作成して、そちらに歪み系のプラグインをインサートします。これにより、すごく歪んだ音を少しだけ足すというような、微妙な調整が可能になります。あるいは、軽く歪ませたものをたくさん混ぜるとか、ピーク部分だけに歪みを混ぜるとか、さまざまな処理が簡単にできますね。

空間系の処理は、生と同じ考えでOKです。
参照：オートメーションの活用→P148

🔊 CD TRACK

| 31 | 管楽器（音源）
（処理前➡処理後） |

処理後はよりオケになじみ、奥行き感が出ています。Tape Headで軽く歪ませ、より生っぽさを演出しています。

063

サウンド・エフェクト
リアルだと意外に演奏となじまない！

素材をどうするか？

サウンド・エフェクト（SE）というのは、いわゆる"楽音"以外の音を指します。効果音とも呼ばれますね。レコーディングをしていると、結構な確率でミュージシャンは「SEを入れたい」というリクエストを出すものです。よくあるのが風の音、雨音、クルマや電車の通過音、そして拍手などでしょうか。

SEでまず問題になるのは、素材をどうするかですね。野外録音は結構難しく、風がマイクに当たるとノイズになってしまいますし、目的の音だけを録るのが無理だったりと（野外では意外にさまざまな音がしているものです）、後で聴くと使えない出来だったりします。クルマがうまくLRで通過するように録るのも、相応のテクニックが必要でしょう。なので、結構難しいという前提ではあるのですが、そこから学べることも多いので、まずは自分で録るのを試すのは良いことです。

でもやっぱり無理だったら、素材集を使うことにしましょう。この場合は、コピーライト範囲の確認が必須です。まれに、販売する作品（CDなど）での使用を認めていない素材集もありますからね。

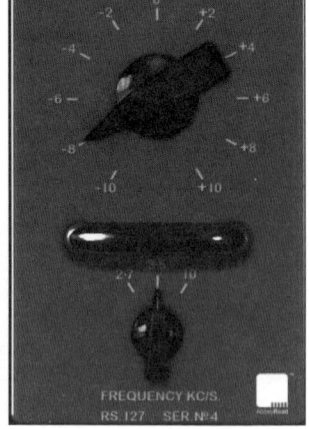

▲画面① SEへのコンプはがっつりとかけ、さらにEQでハイを大胆にカットして、ローファイ化してみましょう

PART 1
ソース別処理方法

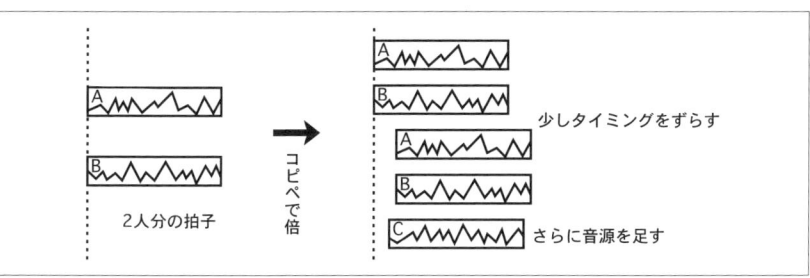

```
[図]
2人分の拍子 → コピペで倍 → 少しタイミングをずらす / さらに音源を足す
```

▲図① 拍手の人数感を出すためには

拍手も結構難しい

　無事に素材が手に入ったら、早速曲に混ぜてみましょう。多くの場合、そのままではうまく混じらないはずです。というのも、あまりにリアルなSEというのは、演奏の世界観とかけ離れてしまうんですね。筆者の持論ですが、"その音を想像させる程度のリアルさにとどめる"程度の方が、SEは耳に入りやすいのです。もともと、風の音などはシンセで作ったりしていましたが、その方が作品らしさが出るわけですね。

　では、リアルさを減らすにはどうしたら良いでしょう？　それが風であれ雨であれ、クルマの通過音であれ、筆者が定番的に行うのはコンプでがっつりつぶしてしまい、さらにEQでハイを大胆にカットするという処理です。これでかなりローファイなサウンドになり、演奏とのなじみが良くなるはずです。風の場合は、比較的長めのディレイ(ディレイ・タイムは600msec程度)をかけるのも、効果的です。もちろんこのディレイは、曲中で使っているテンポ・ディレイでもOKです。

ディレイ音は、聞こえるかどうかくらいで！

　拍手やハンドクラップは自分たちでも簡単に録れそうですが、これはこれで難しかったりします。意外にチープになるし、人数感が出てくれないんですね。ハンドクラップはダイナミック・マイクで収音し、コンプでしっかり固めつつ、音源のクラップ音も足して補正すると良いでしょう。拍手に関しては、先ほどのコンプ+EQ処理を施しつつ、リバーブ(広めのルーム・リバーブ)に送るとオケになじんでくるはずです。人数感が欲しい場合は、コーラスやショート・ディレイ、あるいはステレオ・イメージ系のプラグインも併用しましょう。バックグラウンド・ボーカルを増やすテクニックも、応用できるはずです。

参照：コピペで繰り返しを作成→P138

🔊 CD TRACK

32　サウンド・エフェクト
アウトロのフェード・アウト時に、フェード・インしながら登場。コンプとディレイで奥行きを出し、ボリュームを少しずつ上げているので、全体ではフェード・アウトしながらだんだんSEのバランスが大きくなっています。

音について知る
やっぱり空気が大事なんです！

音は空気の振動で伝わる

音というのは、媒質を伝わってくるエネルギーです。通常僕たちが音楽を聴く場合は、空気が媒質となり、音波が届くわけですね。例えばタイコをたたいた場合、その振動が空気中を疎密波として伝播し、僕たちの鼓膜を震わせるわけです。このことは、波形を見ても分かりますね。波形というのは、この疎密の周期を表しているものなのです。

ここで重要なのは、音が空気の振動である以上、空気や空間が違えば音も変わってくるということです。実際、筆者の知り合いには「軽井沢は音が良い」と言う人がいます。普段カー・ステレオで聴いている音楽が、軽井沢ではなぜか同じカーステなのに良く聞こえるというのです。彼は音関係の仕事をしているので、これは気のせいではないと思います。リゾート地でのゴルフが気持ち良いのは、自分のショット音が都心よりよく聞こえるからだという説もあります（笑）。筆者はゴルフをしないので、分かりませんが。

また、多くのミュージシャンが良いサウンドを求めて海外レコーディングを行っています。ただしこの場合は、空気だけではなくさまざまな要素が国内とは違っていますよね。

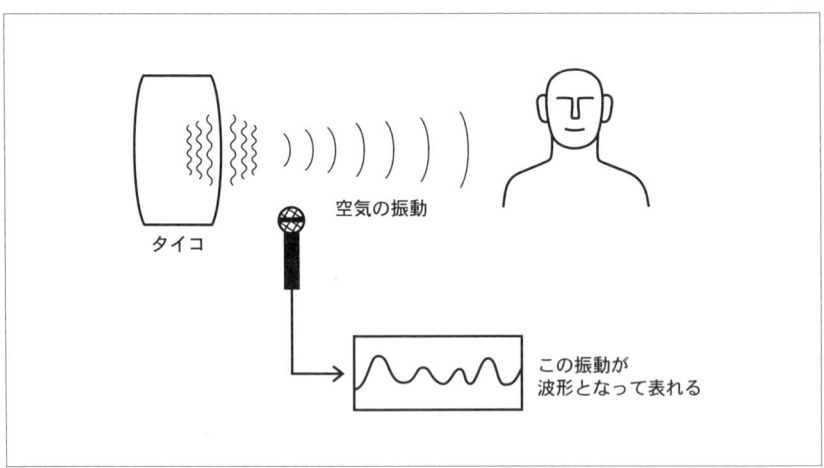

▲図① 音は空気中を伝播するエネルギーです

PART 1
ソース別処理方法

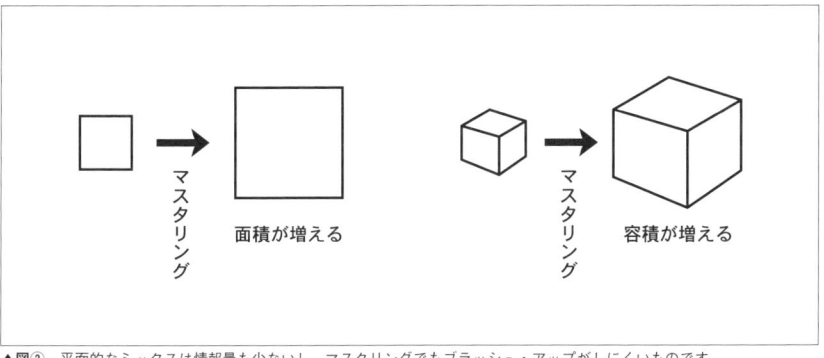

▲図② 平面的なミックスは情報量も少ないし、マスタリングでもブラッシュ・アップがしにくいものです

一番大きいのはモチベーションだったりするかもしれませんが(笑)、電源電圧が異なっているのも見逃せないでしょう。

奥行きのある表現

実はレコーディング・エンジニアを志す前の学生の時に(筆者は作曲科の学生でした)、ある邦楽アーティストの国内盤と海外リミックス盤の聞き比べをする機会がありました。『PA入門』という著書のある小瀬高夫先生の授業だったのですが、この2つのCDのあまりの違いには大きな衝撃を受けました。

同じ音源を使っているのに、LAでリミックスされた方は奥行きがあって、洋楽の音になっていたんですね。そういう意味では、海外録音で"空気"だけを求めるのは間違いなのではないか？ そんなことを考えるきっかけになったあの授業は、筆者の原点ともなっています。

では、洋楽の奥行きとは何なのでしょうか？ 本書では随所で述べていますが、テクニック的にはこれは、コンプとディレイで演出できるものだと思います。そして奥行きがある方が、平面的なミックスに比べて情報量が多く、自然なサウンドだと言えるでしょう。平面では面積でしかないものが、立体では容積になるわけですから、その違いは明確です。

邦楽のサウンドに奥行きが感じられない理由は、実は結構単純だったりします。多くの日本人が、幼いころから教会に行くという習慣を持っていない……これが、大きな理由と考えられます。あの響きに日常的に触れていないと、奥行きを意識することがなかなか無いのではないでしょうか？ また、ホールでクラシック音楽を聴く習慣を持っているかも、大きいかもしれません。いずれにしても、最終的には空気(そして響き)が大事であるというところに、戻ってきたようです。生録りをしないDTM系の人でも、このことを意識してミキシングを行ってほしいと思います。

参照：コンプで奥行きを表現→P094

COLUMN

だれにでも失敗はある

　現在のようにDAWでの作業が前提となった今、ミックス作業における失敗というのはあまり無いと思います。なぜなら何か失敗しても、その前の状態に戻すことができるからです。

　ですので、ここでは僕の若い時の失敗談を1つ。ある日、某ホールでオーケストラの録音があり、スタジオからNEUMANN U87を持って行き、ホールの三点吊り装置に設置しました。そして本番が終わってマイクを降ろすと、なんと、NEUMANNのロゴがステージではなく客席の方を向いているではないですか！　つまりマイクの前後を逆にして、後ろ向きにして録音してしまったのです。左右どちらも後ろを向いていたので、「遠い音だねぇ」と言われただけで済みましたが(笑)。

　次に面白かった話を。これは最近なのですが、録音終了後にアーティストさんに仮ミックスを渡すことになり、急いでバウンス(ファイル書き出し)をしました。その日はたまたまコントロール・ルームにも仮テイク用のマイクを置いていて、何とこれを生かしたままバウンスしてしまったのです。渡したCDには、演奏の後ろにさりげない日常会話が入っていて意外にクール、好評でした(笑)。

PART 2
エフェクト別処理例

エフェクトを使いこなすために、ミキサーや各エフェクトの基礎知識から始めて、実践的な使用法までを紹介していきます。なお、紹介しているプラグイン・エフェクトのモデルはあくまで参考です。多くの場合ほかのモデルでも同様の効果が得られるはずなので、自分の環境に合ったものを見つけてください。

MIX
TECHNIQUE
30 > 54

MIX TECHNIQUE

30 ミキサーの基礎知識
信号の行き先を決めるのが仕事！

よく見れば同じものが並んでいる

　ミキサーの役割は、入力された信号の行き先を決めるところにあります。チャンネル1に入った音を、マスター（2ミックス）に送ったり、エフェクトに送ったり、場合によってはミュージシャンのモニターに送ったり……。もちろん混ぜる（ミックス）ことも大事なのですが、まずは"行き先を決める"というのが大事だと覚えてください。

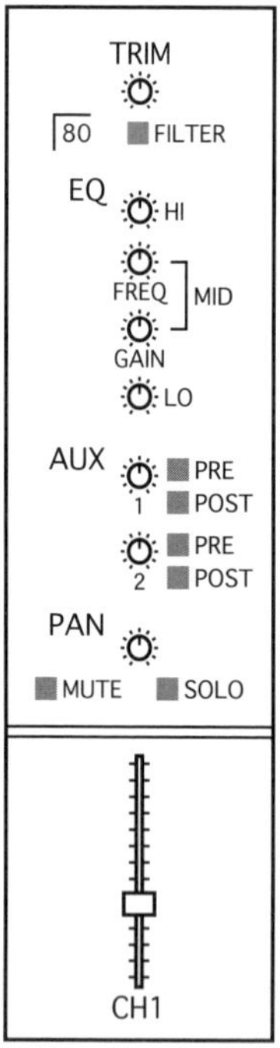

　さて、ミキサーにはいろいろなつまみが付いていて一見複雑そうですが、よく見ればほとんどは同じものが並んでいるだけです。つまりは、1つのチャンネルを理解できれば結構簡単に使いこなせるわけですね。1つのチャンネルというのは（チャンネル・ストリップとも呼ばれます）、多くの場合上からトリム、EQ、AUXセンド、パン、フェーダーなどから構成されています。

　トリムは、入力信号のレベル調整をするつまみで、DAWのミキサーでは省かれていることが多いです（オーディオ・インターフェースなどでレベルを決めるため）。そして、EQは3バンド程度のパラメトリックタイプが搭載されているのが一般的でしょう。

　AUXセンドは、そのチャンネルの音をマスター・フェーダー以外に送る際に使います。例えばAUX1-2というフェーダーを作り、そこにリバーブをインサートするような場合。チャンネル・フェーダーのAUXセンドを"AUX1-2"と指定すれば、リバーブへも音を送ることができるわけです。このような使

▲図① 一般的なミキサーのチャンネル・ストリップ

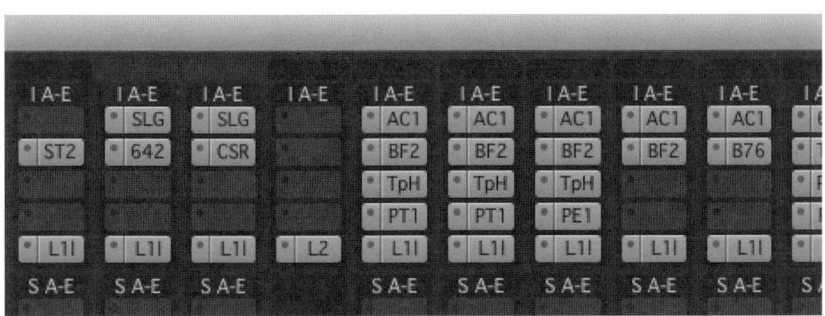

▲画面① DAWではインサート・エフェクト用に専用のボックスが用意されている

い方をするのは主に空間系のエフェクトですが、詳しくは次項を参照してください。

その先は、定位を決めるパンと、出力レベルを決めるフェーダーがあるわけですね。この2つで、2ミックス内での音量と定位が決定されます。また、フェーダー周辺には出力をカットするミュート・ボタンや、そのチャンネルの音だけを聞けるようにするソロ・スイッチなども用意されています。音作りで追い込む際は、ソロ・スイッチが活躍するでしょう。

アウトボードの語源

チャンネル・ストリップにはEQが搭載されていると書きましたが、プロ用の大型コンソールでは、ここにコンプレッサーも搭載されています。コンソール内蔵のコンプを独立させたものがアウトボードと呼ばれるように、もともとコンプはオンボード(=卓に入っている)が普通だったと言えるでしょう。

DAWの場合は、コンプやEQなどを使いたければ専用のボックスに呼び出すだけでOKです。ダイナミクス系のエフェクトや、歪み系などは、このようにしてインサートして使うことになります。アナログのコンソールでは、いちいちケーブルを接続しないといけなかったので、これは大きな違いですね。インサート系の話は、次項でも触れています。

あと重要なのはマスター・フェーダーですが、ここは2ミックスの音量を決めるのが主な役目です。また、マスター・フェーダーにエフェクトをインサートすることも可能です。コンプやリミッターは、よくこうした使い方がされています。

参照：センド系とインサート系→P072、マスター・エフェクト→P168

MIX TECHNIQUE 31

センド系とインサート系
エフェクトにより使い分けよう！

音を作り替えるインサート系

　エフェクトのかけ方は、大きく分けてセンド系とインサート系の2つに分けられます。基本的に空間系はセンドでかけ、ダイナミクス系や歪み系、アナログ・シミュレート系はインサートでかけるのが作法ですが、詳しく見ておきましょう。

　まずインサート系ですが、言葉通り、間に挟んで使うという意味になります。ギター用のコンパクト・エフェクターが分かりやすい例ですが、ギター→エフェクター→アンプというように、信号の経路は一直線ということです。もともと、SSLなどのプロ用アナログ・コンソールにはチャンネルにコンプレッサーやEQが搭載されていました。最初からエフェクトがインサートされていたわけですね。それでは物足りずに外部のコンプやEQを使う場合に、インサート端子にエフェクトをつないで使っていたのがインサート系の始まりです。DAWであれば、各チャンネルにプラグインのエフェクトをインサートすることになります。

　インサートの場合は、入力された音が作り替えられてしまいます。EQであれば、原音のハイを強調したり、ローをカットしたり。コンプであれば、原音のダイナミクスを変更したり、というわけですね。

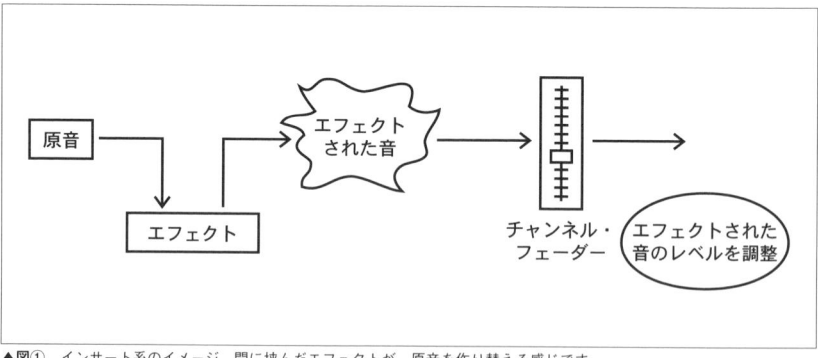

▲図① インサート系のイメージ。間に挟んだエフェクトが、原音を作り替える感じです

PART 2
エフェクト別処理例

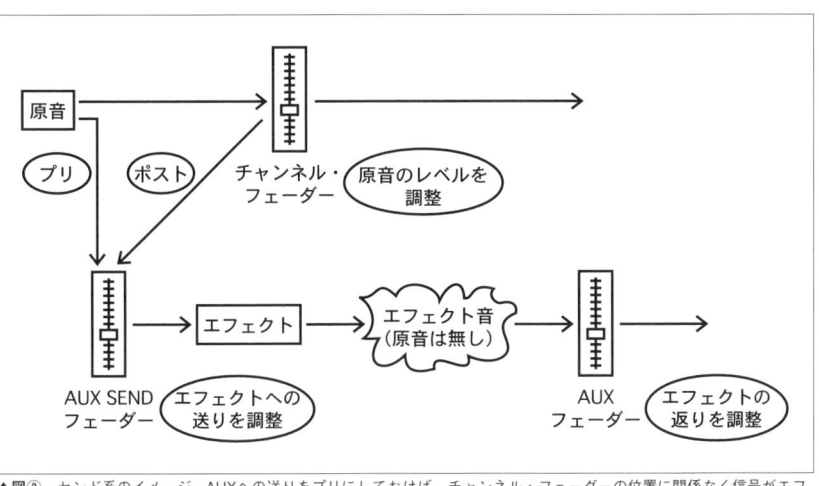

▲図② センド系のイメージ。AUXへの送りをプリにしておけば、チャンネル・フェーダーの位置に関係なく信号がエフェクトへ送れます。通常はポストにして、チャンネル・フェーダーに追従したレベルでAUXに音を送ります

センド系は原音＝0の設定で

一方のセンド系は、原音にエフェクト音を加えていくような使い方になります。そのために、わざわざ信号をセンドする（送る）必要があるのです。

この場合は、あるチャンネル・フェーダーの音をAUXフェーダーに送ってあげます。そして、そのAUXフェーダーにエフェクトを立ち上げれば良いのです。ここで重要なのがレベル関係ですが、チャンネル・フェーダーからAUXフェーダーへの送り量は専用のフェーダーで決定できます。またエフェクトの音量は、そのAUXフェーダーにて調整が可能です。また、センド系で使用するエフェクトに関しては、"原音（DRY）＝0、エフェクト音（WET）＝100"という設定にします。

これにより、AUXフェーダーを上げていけばエフェクト音だけが増えていくわけですね。ここで原音を上げてしまうと、効果が濁ってくるので良くありません。

ちなみに、このAUXフェーダーにはさまざまなチャンネルから音を送れるので、ボーカルやギター、ピアノなどに同じリバーブをかけることが簡単にできるのです。インサートは1チャンネルに1つずつですから、ここは大きく違いますね。

なお、ショート・ディレイやコーラスなどで原音を広げる場合は、空間系のエフェクトでもインサートで使用することがあります。モノラル音源をステレオにする場合などは、特に有効な方法ですね。

参照：ショート・ディレイ→P076、葛巻流リバーブ使用法→P086

32 MIX TECHNIQUE

ディレイの基礎知識
ディレイ・タイムとフィードバックがキモ！

ディレイ・タイムの2つの決め方

　ディレイの実践的な使用法は次項から紹介しますが、まずはパラメーターなどの基本事項を解説しておきます。

　ディレイ（遅延）というのは、名前の通り原音に対して遅れた音を付加するというエフェクトです。よく例に出されるのが山びこですが、「ヤッホー、ヤッホー、ヤッホー……」と、反射音（ディレイ音）がだんだん小さくなりながら続いていくわけですね。

　最も重要なパラメーターがディレイ・タイムで、ここで〝原音に対してどれくらい遅れるか〟を決定します。ショート・ディレイと言われる短いディレイで20msec～50msec程度、ミディアム・ディレイが200msec～350msec程度、ロング・ディレイが400msec～500msec以上というのが基本的な設定値です。また、このように時間でディレイ・タイムを設定するばかりではなく、音符で設定することも多くのプラグインでは可能になっています。これがテンポ・ディレイと呼ばれるものですが、詳しくは別項で詳述します。

　次に重要なのが、フィードバックでしょう。これは、ディレイ音が繰り返される回数を決めるパラメーターです。％表示になっていたり、1～10の数値になっていたりしますが、値が大きくなればなるほど繰り返しが多くなるわけですね。フィードバックの回数が多すぎるとディレイが悪目立ちをしたりしますし、ディレイ・タイムが短い場合はハウリング的な発振の原因にもなります。お気を付けて。

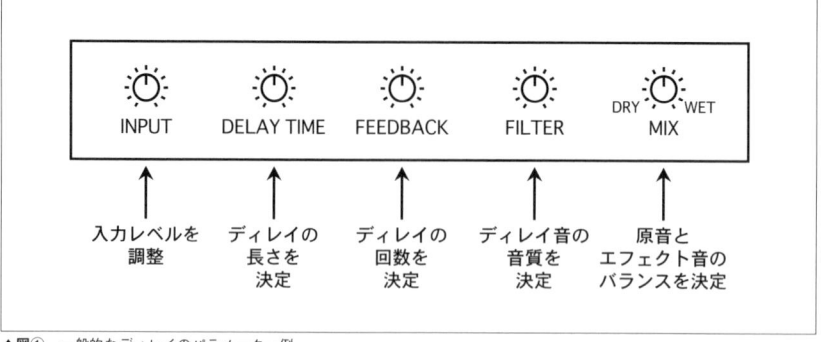

INPUT	DELAY TIME	FEEDBACK	FILTER	DRY MIX WET
入力レベルを調整	ディレイの長さを決定	ディレイの回数を決定	ディレイ音の音質を決定	原音とエフェクト音のバランスを決定

▲図① 一般的なディレイのパラメーター例

PART 2
エフェクト別処理例

◀画面① WAVES Super Tapは最大6secの
ディレイ・タイムを誇ります

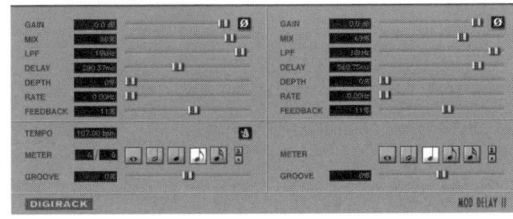

▶画面② DIGIDESIGN Mod Delay IIはパ
ラメーターが分かりやすい！

フィルターを活用しよう

　ディレイには、ディレイ音の高域をカットするためのフィルターまたはハイカットといったパラメーターが用意されていることも多いですね。山びこを想像すれば分かりますが、ディレイ音というのは明らかに原音よりは劣化したサウンドなのですが、サンプリング技術を応用しているデジタル・ディレイの場合にはディレイ音が奇麗なままなので、どうも調子が出ないわけです。そういった場合にフィルターでディレイ音をわざとローファイにしていくと、耳なじみの良いサウンドになっていったりします。

　あとは、モジュレーション系のパラメーターが用意されていることもあります。ディレイ音のピッチを揺らすわけですが、レートでその周期を、デプスで影響の大きさを調整します。この辺はディレイの姉妹エフェクト、コーラスとも絡んでくるパラメーターですね。

　そして、意外に重要なのがアウトプット（ミックス）です。ここで、原音（DRY）とエフェクト音（WET）のバランスを変更できますから。"センド系とインサート系"で述べたように、センドで使う場合はDRY＝0、WET＝100にしてください。そうしないと、原音2つが混じってしまい汚れた感じになってしまいますからね。ショート・ディレイをインサートで使う場合などは、ここで好みのバランスを作ればOKです。

参照：テンポ・ディレイ→P078、コーラス→P106

33 MIX TECHNIQUE

ショート・ディレイ
ダブリングや音を太くする用途に最適！

あまりにショートで遅れない

　ディレイ・タイムが20msec〜50msecと短いのがショート・ディレイですが、この場合は"ディレイがかかっているな"という感じはあまりしないかもしれません。というのも、原音とエフェクト音が非常に近いので、エフェクト音が遅れて聞こえないわけです。むしろ、ボーカルやギターなどをダブルっぽく聞かせる簡易ダブリングや、太く聞かせるといった用途がまず考えられますね。

　例えばモノラルのボーカル・トラックがあった場合に、チャンネルにステレオ・ディレイをインサートして、LかRの片方だけに50msecくらいのショート・ディレイをかけてみましょう(逆側にはエフェクトはかけないように！)。これをステレオで広げるか、センター近辺で20-20くらいの広がりで出すと、簡単にダブリング的な効果が得られるのが分かると思います。定位がセンターのままだとモジュレーションがかかったようになってしまいますが、フルでLRに定位すれば左右から聞こえますし、20-20くらいにすれば自然に聞こえるはずです。

　なおこの場合、フィードバックは1回だけ返ってくるようにしてください。また、LとRのレベル差で多少の演出も可能です。両方を同じくらいの音量で出すのか、どちらかをメインにするのかでそれぞれ違った効果が期待できるので、LとRのアウトプット・レベルを調整してみましょう。

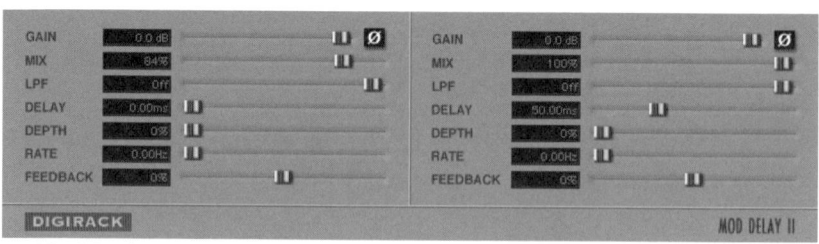

▲画面① 簡易ダブリングの設定例。この場合、LとRの定位によって聞こえ方も変化します

PART 2
エフェクト別処理例

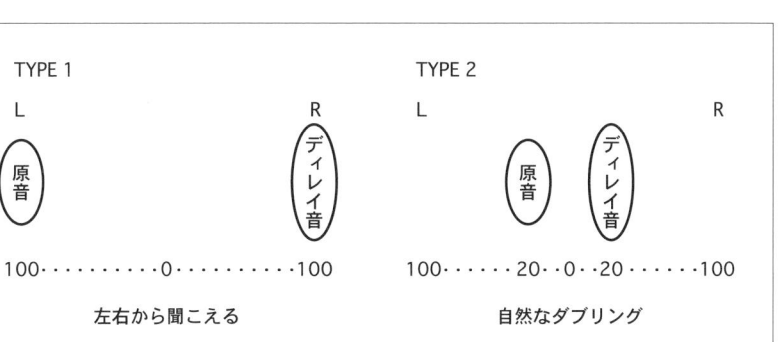

```
TYPE 1
L                              R
(原音)              (ディレイ音)
100········0········100
    左右から聞こえる

TYPE 2
L                              R
(原音)              (ディレイ音)
100·····20·0·20·····100
    自然なダブリング
```

▲図① ボーカルを簡易ダブリングした場合の定位例

フィードバックに要注意

　こういった手法は、ステレオの素材でも実は使えたりします。シンセのパッドなどはそのままLRに広げても意外に良くない場合が多いので（センター定位に聞こえてしまう）、やはりチャンネルにステレオ・ディレイをインサートして、LかRかだけに50msec程度のショート・ディレイをかけてあげましょう（フィードバックは、同じくディレイ音が1回だけ返ってくる設定です）。その上でLRに振れば、奇麗な広がりが得られると思います。ちなみにパッドの場合は、LRのレベル差は無い方が良いですね。

　ショート・ディレイでは、フィードバックを上げていくことで独特な効果を得ることもできます。人の声にかければ、ロボ声や宇宙人ボイスが簡単に作成できますし、フランジャーのような金属音的な効果も出てきます

（まあ、フランジャーやコーラスがショート・ディレイの技術の応用なのですが……）。

　ただし、ショート・ディレイでは調子に乗ってフィードバックを上げていると発振音が生じてしまいます。これはハウリングみたいな不快な音で、実験的な音楽では結構愛用されていたりもしますが、なかなか使いどころが難しいかもしれません。特殊効果は一発芸なので、ここぞというタイミングで使うようにしましょう。

参照：変わったボーカル処理→P014、パッド系シンセサイザー→P058

🔊 CD TRACK

33　疑似ダブル
　　　（処理前➡処理後）

疑似ダブルはディレイ・タイム 40msec、定位は20-20です。原音は−2.2 dBにし、原音とディレイ音が同じ音量で聴こえてくるように調節しています。ちなみに本チャンでは、実際に曾我さんが2回歌ったダブルになっています。

077

テンポ・ディレイ
DAWでは曲との完全同期が簡単！

昔からあるテンポ・ディレイ

ディレイ・タイムを曲のテンポに合わせたいという欲求はミュージシャンには昔から根強くあり、ピンク・フロイドの「One of These Days（邦題：吹けよ風、呼べよ嵐）」やクイーンの「ブライトン・ロック」、そしてU2「PRIDE」などの印象的な楽曲が残されています。こういったプレイでは、楽器に付点8分音符や8分の3連といったディレイをかけていることが多いようですね。フィードバック量の調整がキモという感じですが、アレンジや作曲の一部と言えるほどのディレイです。

懐かしのROLAND SDE-3000などのハードウェア・ディレイでは、曲に合わせてタップ・ボタンをたたくことでディレイ・タイムを計算したりしたものです（それでタップ・ディレイなどとも呼ばれました）。しかしDAWにおいては、こういったテンポ・ディレイが曲と完全に同期した形で、しかもすごく簡単に手に入ります。ディレイ・タイムの設定を行うところに、音符があればそれがテンポ・ディレイなのです（簡単でしょ？）。

筆者愛用のテンポ・ディレイ

アレンジ的に遊ぶ場合は上述のような音符が良さそうですが、筆者の場合は8分遅れるのが左から1回、4分遅れるのが右から1回返ってくるという設定を愛用しています。

▲画面① WAVES Super Tapで筆者愛用のテンポ・ディレイに設定したところ。ドラムとベース以外のほぼすべてのソースに、筆者はこのディレイをかけています

PART 2
エフェクト別処理例

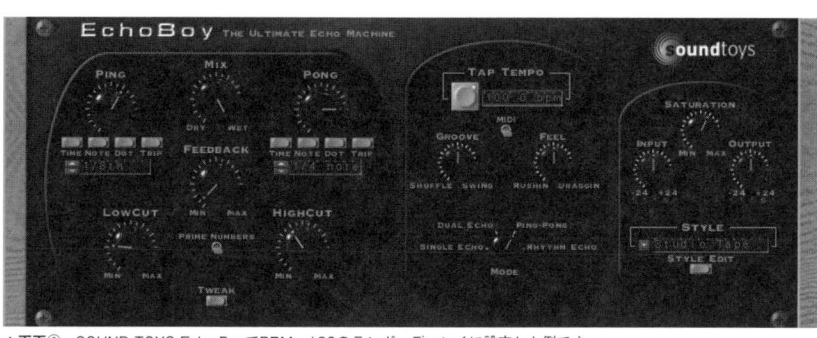

▲画面② SOUND TOYS Echo BoyでBPM＝100のテンポ・ディレイに設定した例です

　これは、どんな曲でも必ず立ち上げるというくらい使用頻度の高い設定ですね。原音に対してディレイは2回返ってくるわけですが、特にドラムが入っている楽曲などではディレイとして認識されることはほとんどありません（完全にテンポに合っているからでしょう）。むしろ、何となく響きの要素として感じられると言えるでしょう。

　ドラムとベース以外にはほぼかけると言えますが、送りの量は楽器ごとに調整しています。実は"ディレイ乗り"という言葉があるのですが、ボーカルには結構ディレイがよく乗るものです。つまりは、ボーカルはディレイ乗りが良いわけですね。そのため、ディレイへの送りは少なくても、ディレイがかかっているのはよく分かります。それに対してギターは混ざってしまって、結構かかりが分からないので少し多めの送りになったりします。

　筆者の場合は、テンポ・ディレイからさらにリバーブへ信号を送っています。ですからこれは、リバーブのプリディレイを設定しているようなものとも言えますね。テンポに合ったプリディレイなので、気持ちの良い響きが得られるのです。この組み合わせは、短時間でリッチな奥行きを作れてオススメですよ。

　注意してほしいのは、曲のブレイク部分ですね。そこでテンポ・ディレイが残っていると間抜けな場合があるので、ディレイのフェーダーを－30dBくらいまで落としましょう。カットにしてしまうと、急にクールになって、それもまた変ですからね。

　なおクリックで管理していない楽曲は、次善の策として筆者はテンポ・ディレイの代わりにBPM＝100のテンポ・ディレイをかけることにしています。この長さのプリディレイのホールである、と決めてしまうわけですね。

参照：葛巻流リバーブ使用法→P086

◀)) CD TRACK

| 34 | テンポ・ディレイ（処理前➡リバーブのみ➡リバーブ＋ディレイ） |

リバーブだけだと生音との混ざりがイマイチ。テンポ・ディレイをかけ、その返りをさらにリバーブに送るとうまく混ざり、気持ちの良い奥行き感になります。アコギとエレピにも薄くかけて、テンポ・ディレイが全体の奥行き感を演出しています。

変わり種ディレイ紹介
アナログの質感＋飛び道具

いわゆるアナログ・ディレイ

ディレイの最後に、変わり種のディレイを幾つかご紹介しておきましょう。いわゆるアナログ・ディレイのシミュレーターなのですが、このタイプはディレイ音がローファイということがまず大きな特徴となっています。ですから、通常のプラグインのようにフィルターなどは付いていないわけですね（その代わりに、トーン・コントローラーが付いていたりします）。こういったタイプは、単にディレイとして使うだけではなく、アナログ的な質感を演出するのにも最適と言えるでしょう。

例えばBOMB FACTORY TEL-RAY Variable Delay。いかにもアナログなフロント・パネルからして素晴らしいのですが、結構温かいサウンドを表現できます。また、アナログ・ディレイならではの技としてディレイ・タイムをリアルタイムで操作するというのがありますが、その辺もきちんとシミュレートされているので、遊んでみると面白いと思います。

BOMB FACTORYからは、シンセでおなじみモーグ博士のMoogerfooger Analog Delayもリリースされていますね。DRIVEつまみが付いていたりして、ウォームなサウンドを得るには最適でしょう。

◀画面① BOMB FACTORY TEL-RAY Variable Delayは、多くのギター・アンプ・メーカーにライセンスされている技術をプラグインで再現しています

▶画面② モーグ博士のウォーム・サウンドを手にできるBOMB FACTORY Moogerfooger Analog Delay

PART 2
エフェクト別処理例

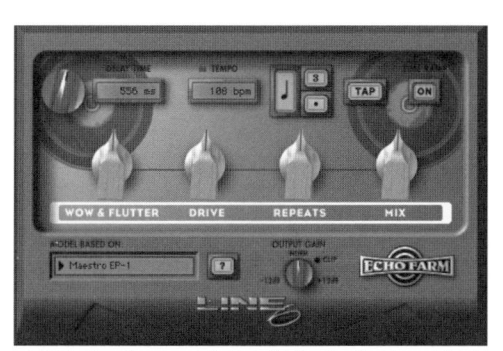

▲画面③　テープ・エコーを始めさまざまなアナログ・ディレイをシミュレートしているLINE6 EchoFarm

▲画面④　安価なのにクオリティが高いので、筆者がオススメのMASSEY TD5

テープ・エコーも使える

　アナログ・ディレイの中には、テープ・ディレイ(テープ・エコー)というカテゴリーもあります。デジタル・ディレイではサンプリング技術でディレイ音を作成しますが、これをアナログ・テープで行っていたという、今から考えるとかなりすごいタイプですね。テープに録音されるわけですから、当然ディレイ音はローファイになります。しかし、その劣化具合が味があるということで、プラグインでも多くのテープ・エコー・シミュレーターが登場しています。

　有名なのは、ハードウェアでもよく使われているLINE6 EchoFarmでしょうか。見た目だけでも結構OKな感じですが、今では入手困難なビンテージ・テープ・エコーの他、有名なアナログ・ディレイなどもシミュレートされています。モデル名を選べば、その質感を簡単に得られるわけですね。しかも、オリジナルのテープ・エコーでは不可能な曲のテンポへの同期も、一発で設定可能。便利な世の中になったものです。もちろん、テープ・エコーもリアルタイムでディレイ・タイムを操作すると面白い効果が得られます。飛び道具的に使いたい場合は、試してください。

　このタイプで筆者がオススメのプラグインは、MASSEY TD5ですね。www.masseyplugins.comで入手可能ですが、クオリティの割に安価なのが同社の製品の特徴です。VINTAGE／MODERN切り替えスイッチで、簡単にサウンドの質感を切り替えられるのもポイントが高いです。

🔊 CD TRACK

| 35 | テープ・ディレイ
(処理後➡オケ中) |

TD5をチャンネルにインサート。ディレイ・タイムはテンポに合わせてますが、8分、4分、2分を途中で切り替えると変な効果が現れます。実際はこんなことはしないですが(曾我さんゴメンナサイ)。

36 MIX TECHNIQUE

リバーブの基礎知識
重要なのはタイプとタイム

ディレイの集合がリバーブ

　ディレイと並んで空間系の双璧を成すリバーブは、奥行きや広がりを演出するのに重宝します。まずはここで、基礎知識を確認しておきましょう。実はリバーブは、ディレイの技術を応用した効果です。ディレイは山びこと書きましたが、この山びこが密集しているのがリバーブと言えるでしょう。つまり、ディレイの集合がリバーブというわけですね。

　では、リバーブのパラメーターを見ていきましょう。まず重要なのが、リバーブのタイプですね。リバーブは残響を作り出すエフェクトですから、その残響がどんな部屋の中で生じているのかをここで決めるわけです。具体的には、ルーム、ホール、ラージ・ホール、チャーチなど、部屋の大きさや反射の質感を反映したプリセットの中から、好みのものを選ぶことになります。サブ的なパラメーターで、ルーム・サイズ(部屋の大きさ)を決めることができる場合もありますね。アナログ時代に残響発生装置として使われていた、鉄板プレートなども、リバーブタイプで選べたりします。

　次に重要なのが、リバーブ・タイムですね。これは、リバーブ音が鳴っている長さを決めるパラメーターです。基本的には、リバーブタイプとリバーブ・タイムで、残響の質をかなり決められると思います。ですから不慣れな内は、この2つをエディットする程度でも十分でしょう。

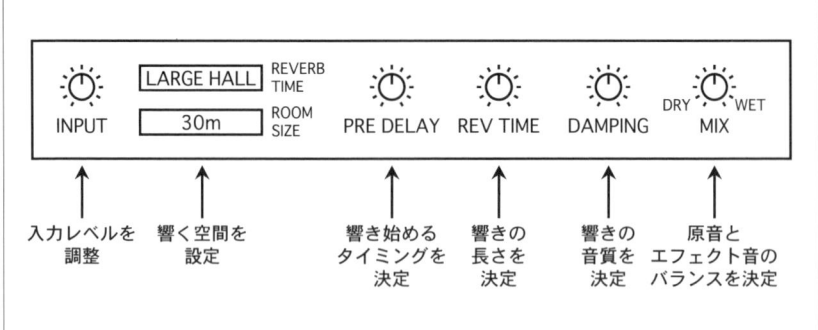

```
INPUT   LARGE HALL  REVERB TIME   PRE DELAY   REV TIME   DAMPING   MIX (DRY-WET)
        30m         ROOM SIZE
```

INPUT	LARGE HALL / 30m	PRE DELAY	REV TIME	DAMPING	MIX
入力レベルを調整	響く空間を設定	響き始めるタイミングを決定	響きの長さを決定	響きの音質を決定	原音とエフェクト音のバランスを決定

▲図① 一般的なリバーブのパラメーター例

PART 2
エフェクト別処理例

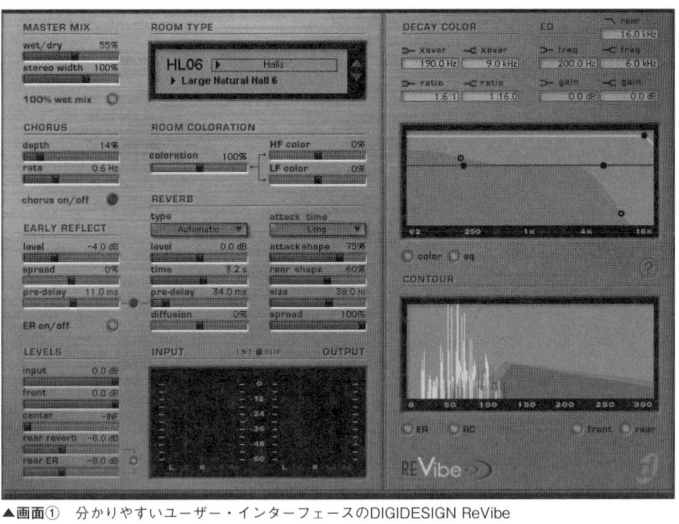

▲画面① 分かりやすいユーザー・インターフェースのDIGIDESIGN ReVibe

プリディレイは難しい

　プリディレイというのは、原音からどれくらい遅れてリバーブ音が発生するかを決めるパラメーターです。ここを長くすれば、反射音が遅く生じることになりますから、当然ですが残響のある空間が大きく感じられます。ただ、リバーブタイプやルーム・サイズ、リバーブ・タイムと密接に絡むところなので、プリディレイをエディットするのは結構難しいかなと思います。ちなみに筆者の場合は、リバーブの前にテンポ・ディレイを入れることで、楽曲のテンポに同期したプリディレイを入れるようなことをしています。

　そしてダンピングでは、リバーブ音の高域をカットしていくことができます。ディレイ同様ですが、残響音がそのまま返ってくるよりは劣化していた方が調子が出る場合などに使うと良いでしょう。ただし筆者の場合は、リバーブの後にEQを挟んで、そちらで音質補正をする方が好みです。この方法なら、不要な低域の残響感をカットするなど、微調整がやりやすいですからね。

　最後のアウトプット(ミックス)も、ディレイ同様です。ここで、原音(DRY)とエフェクト音(WET)のバランスを変更します。"センド系とインサート系"で述べたように、センドで使う場合はDRY＝0、WET＝100にしてください。そうしないと、原音2つが混じってサウンドが濁ってしまいますから。

参照：センド系とインサート系→P072、テンポ・ディレイ→P078、葛巻流リバーブ使用法→P086

リバーブの使い方(ベーシック)
1曲の中で種類は少なめで使う!

あえて1個しか使わない

　リバーブというものは基本的に、1曲の中で5個も6個も使うようなエフェクトではありません。リバーブを使う目的が残響の付加ですから、1曲の中であまりにいろんな響きがあるのは不自然だというのが、その理由です。まあ、1個か2個程度にしておくのが無難と言えるでしょう。

　仮にリバーブを1個だけ使うという場合であれば、リバーブタイプはスモール・ホールかラージ・ホールを選び、ベースとドラム以外のほぼすべてのソースをセンドで送り、響きを与えるのが良いでしょう。この場合、バッキングのギターはリバーブへのセンド量を少なめにし、ボーカルやギター・ソロはちょっと多めにすると雰囲気が出てきます。

　使うリバーブを1つに限定してしまえば、各ソースの残響感が統一されるので、全体のなじみも良くなるはずです。なお、ここでできる簡単な工夫としては、スモール・ホールを選んだらそれで終わりにするのではなく、ちょっと長めの1.8secくらいのリバーブ・タイムにしてみる。あるいはラージ・ホールにして、少し短めのリバーブ・タイムにしてみるなどです。

　リバーブ・タイム自体は1.2sec〜1.8secくらいが良いと思いますが、その中で効果を確かめながらエディットをして変化を付けてみましょう。こういうちょっとした工夫が積み重なることで、作品のクオリティを上げてくれるはずですから。

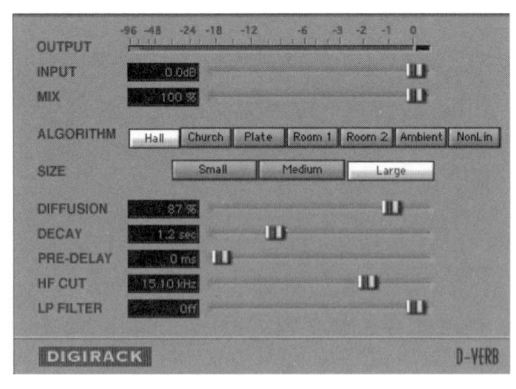

◀画面① リバーブのパラメーター例。ラージ・ホールなのにリバーブ・タイムを短めにするなど、一工夫が後で効いてきます

PART 2
エフェクト別処理例

▲画面② 響きがワンワンする場合は、EQで中低域をカットするのも良い。トーン・コントロール系が手軽で良いでしょう

ボーカルにはプレートも吉

　リバーブタイプのルームとかスタジオは、打ち込み音源であまりにドライな場合に使うと良いでしょう。これだけでも、多少は生っぽさを演出できると思います。そこにさらにホール系を使うことができれば、より空気感を出せるでしょう。

　リバーブタイプでは、ボーカルにプレートを選ぶ人も結構います。これは、結構気持ち良いですよ。その場合は、ボーカルだけプレートにして、残りのソースはホールなどにしてみましょう。これによりオケとの差別化が図れて、ボーカルを目立たせることもできます。リバーブは、全体をなじませることもできるし、あるソースを目立たせることもできるのです。面白いですね。

　生音の場合は、リバーブに送ると全体的にワンワンした感じになってしまうこともあります。ほとんどのソースが送られていることを考えると、低域から高域までの広い音域が響いているから、これは容易に想像ができ

ることでしょう。ただ、リバーブのイメージはどうしても高域の響きということがあります。そういう意味では、中低域は邪魔だったりするんですね。そういう場合には、リバーブ内のEQ的なパラメーターで補正をするか、リバーブの後にイコライザーを挟んですっきりさせてしまいましょう。その応用として、ローとハイを思い切りカットして、響いているのは中域だけというサウンドを作るのも面白いですね。例えば、2番のAメロだけちょっと世界観を変えたいというような場合に、アクセント的に使ってみてはいかがでしょう？

参照：センド系とインサート系→P072

🔊 CD TRACK

36 リバーブ
ドラム（処理前）➡ドラム（処理後）➡オケ中の順番です。打ち込みドラムにルーム・リバーブをかけ（送り量は各ドラム音でそれぞれ調節）、その返りをメインのリバーブに軽く送っています。ドラム単体で聴くとリバーブ強めに感じますが、すべての音を混ぜるとよくなじんでいることが分かるはず。

38 MIX TECHNIQUE

葛巻流リバーブ使用法
2個がけでリッチな響きをゲット！

リバーブは2つで1つ

　本書では随所で紹介していますが、筆者の定番リバーブ使用法をここで解説します。使用機種などを全く同じにしないでも、応用は可能だと思うのでぜひ参考にしてください。

　実は2つのリバーブを合わせて使うのですが、まず1つ目はサンプリング・リバーブです。サンプリング・リバーブというのは、ある場所の響きを実際にサンプリングしてしまい、その響きを原音に加えることができるタイプです。サンプリングしているだけに、非常にリアルで、精細な響きを得ることができます。筆者の場合はAUDIO EASE Altiverbで、オランダの教会の響きを選択します。リバーブ・タイムは3sec程度ですね。

　もう1つのリバーブは、IK MULTIMEDIA Classic Studio Reverbです。リバーブ・タイプはHALLの中から、Vocal Bright Hallを選びます。リバーブ・タイムはプリセットが0.683secなのを少し伸ばし、0.8secにして使うことが多いですね。この辺は、曲に合わせて微調整を行います。

　さて、先述のようにリバーブはセンドで送ってかけるわけです。ではこの2つのリバーブはそれぞれ別の系統のセンドかというとそうではなく、共通した系統のセンドで受けるようになっています。つまり、2つで1つというような考え方ですね。AUXフェーダーも同じボリュームにして、グループを組んであるくらいですからね。

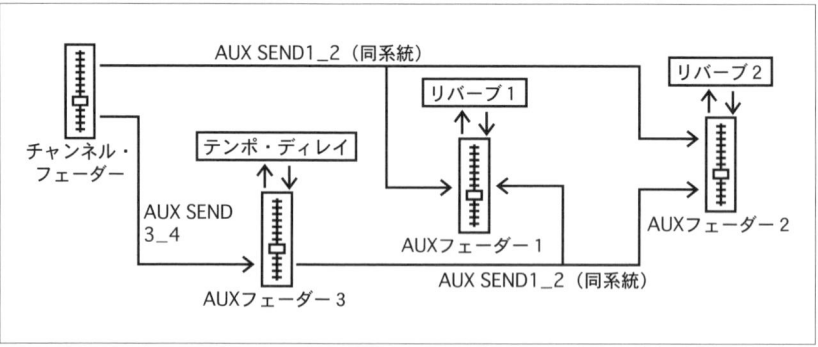

▲図① 葛巻流リバーブの信号系統図

086

PART 2
エフェクト別処理例

◀画面① AUDIO EASE Altiverbではオランダの教会を選択します

▲画面② IK MULTIMEDIA Classic Studio ReverbではVocal Bright Hallを。Brightと書いてあるプリセットは、高音が強調されボーカルには適している場合が多いですね

ディレイからもリバーブへ送る

さらに付け加えておきたいのが、リバーブへの送りはソース単体からに加え、テンポ・ディレイからも来ているということです。これにより、単純な響きではなくリッチな響きが得られます。複雑で豊かな奥行きが表現できるわけですね。しかも、テンポ・ディレイで遅れたリバーブは、曲に同期しているので邪魔にならないという利点もあります。

でも、なんでわざわざ2個のリバーブを組み合わせて使っているのでしょう？ 実はこの組み合わせ、1つがハイファイ系で1つがざらっとした感じと、かなりキャラクターの違うもの同士となっています。これにより、単体では表現できない質感を得られるという

わけですね。

筆者の場合はこの組み合わせを愛用していますが、例えばプレートとホールなど、いろいろなパターンが考えられると思います。1つのリバーブで何かピンと来ない感じがあったら、リバーブの2個がけをぜひ試してほしいですね。ただ、リバーブを増やすとローミッドがもやっとする可能性もあるので、組み合わせによってはEQによるケアが必要になるかもしれません。

参照：センド系とリバーブ系→P072

🔊 CD TRACK

37 葛巻流リバーブ
Altiverbのみ➡Classic Studio Reverbのみ➡リバーブ2つ（ディレイもオン）という順番です。切れ際の余韻を聴くと、それぞれのリバーブのキャラクターが分かると思います。

087

39 MIX TECHNIQUE

コンプレッサーの基礎知識
音量レベルを圧縮するのが第一の働き

重要なスレッショルドとレシオ

　エフェクターの中では、結構使いこなしが難しく、初心者がつまずきがちなのがこのコンプレッサーです。パラメーターが多くてどこを触ったら良いか分からなかったり、効果がイマイチ分からなかったりと、苦手意識を持っている人も多いことかと思います。でも、コンプは非常に面白いですし、サウンドの質感を変えるのにも活躍するので、ぜひ愛用してほしいエフェクトですね。ここでは、まずは基礎知識を身に付けてください。

　コンプレッサー＝圧縮機なので、音楽の場合のコンプは音量レベルを圧縮するのが第一の働きです。よく「コンプで音圧を稼ぐ」という話を聞きますが、これは"圧縮して音量の凸凹を無くしたサウンドは、全体のレベルを持ち上げられる"という意味です。

　では、パラメーターを見ていきましょう。まずスレッショルドですが、ここで設定したレベル以上の入力があると、コンプが作動を始めます。スレッショルド・レベルを下げれば低い入力でもコンプがかかり始めますし、上げれば一部の飛び出した部分にだけコンプをかけることができるわけですね。ビンテージ系のコンプではスレッショルドが無く、インプットを上げることがスレッショルドを下げるのと同じ意味の場合もあります。

　レシオでは、スレッショルドを超えた信号を、どれくらい圧縮するかを決めます。1:2、1:4、1:8、1:16など、圧縮の比率はさまざまです。もちろん、比率が低い方が原音に近いサウンドです。比率が高ければ、それだけ"つぶした"サウンドになるわけです。

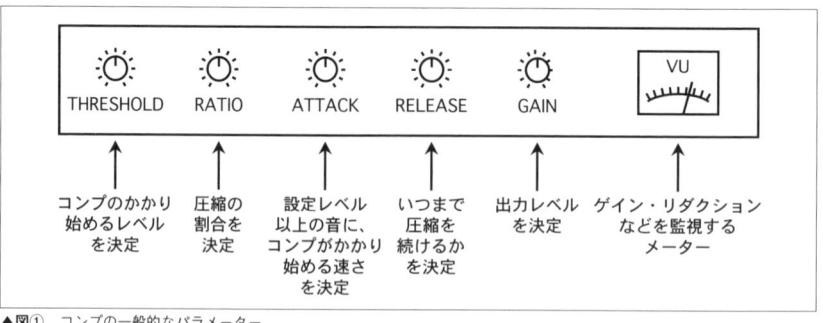

THRESHOLD	RATIO	ATTACK	RELEASE	GAIN	VU
コンプのかかり始めるレベルを決定	圧縮の割合を決定	設定レベル以上の音に、コンプがかかり始める速さを決定	いつまで圧縮を続けるかを決定	出力レベルを決定	ゲイン・リダクションなどを監視するメーター

▲図① コンプの一般的なパラメーター

PART 2
エフェクト別処理例

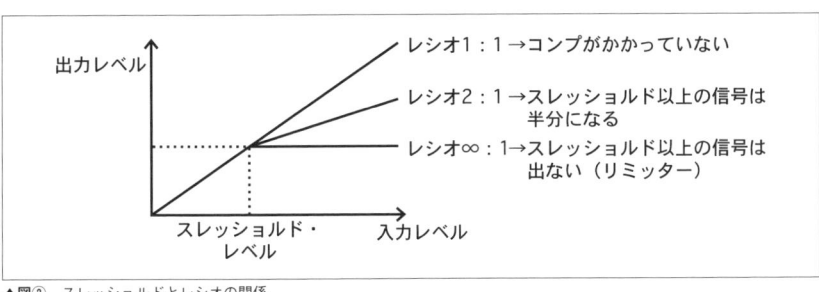

▲図② スレッショルドとレシオの関係

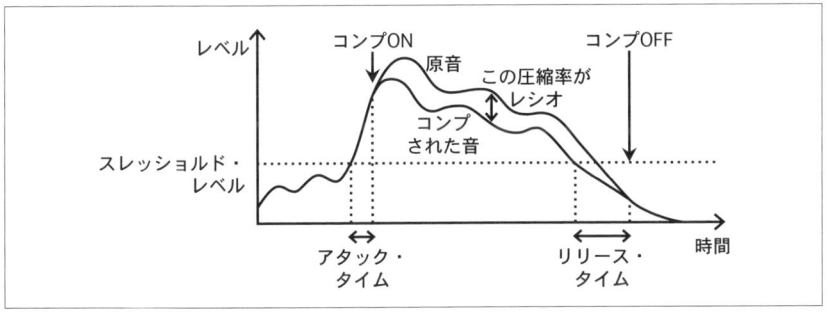

▲図③ コンプの働きの概念図

難しいパラメーターはオートで

　アタック・タイムとリリース・タイムも重要なパラメーターですが、機種によってはオートだったりしますので、使い始めで慣れない間はオートに頼っても良いでしょう。

　アタック・タイムは、スレッショルド・レベルを超えた信号にコンプがかかり始めるまでの時間を決定します。ここを速めに設定すれば、原音に対してすぐにコンプがかかり、アタック成分が目立たなくなります。逆に、アタック・タイムを遅めに設定すれば、原音のアタック成分が通過した後にコンプがかかるので、アタッキーなサウンドにもできます。

　リリース・タイムは、スレッショルド・レベル以下になった信号に対して、コンプが解除されるまでの時間ですね。ここを長くすると、コンプがかかりっぱなしといった状態にもできます。逆に短くすれば、コンプがすぐに解除されるわけです。

　そして、コンプのかかり具合を監視するのに重要なのがゲイン・リダクションです。このメーターで、"今どれくらいコンプがかかっているか"を、確認することができます。

参照：マルチバンド・コンプレッサー→P096

コンプで音量をそろえる
レシオは2：1か3：1くらいで！

ベーシックな使い方です

　音量をそろえる、粒をそろえるというのは、コンプの使い方の最も基礎的なものですね。これは、すべてのソースに対して使う可能性があると考えて良いでしょう。ドラムの各パーツ、ベース、ギター、もちろんボーカルと、どんなソースでもそろえる必要が出てきますからね。

　ただし、あまりにレベル差が大きい場合は、コンプで補正するのは難しい場合も出てきます。そういった場合は、レベル書きやノーマライズなどを併用して、ある程度そろえてからコンプをかけるようにします。そうしないと、おいしいところをつぶしてしまうことにもなりかねません。もちろん、"音量をそろえる"のではなく、"コンプでつぶす"のが目的であれば、話は別ですが。

　では、音量をそろえる場合のコンプの使い方です。まず、レシオは2：1か3：1くらいに決めてしまいましょう。この状態でスレッショルドを変化させ、音の変わり方を確認してください。筆者がオススメなのは、通常0.5dB〜1dBのゲイン・リダクションがあり、最大音量部分で3dB〜4dBくらいのゲイン・リダクションがある状態ですね。

　ここでのポイントは、レシオの圧縮率はあまり高くしないで、自然な感じを狙うということ。それから、ゲイン・リダクション量もそれほど多くないということです。

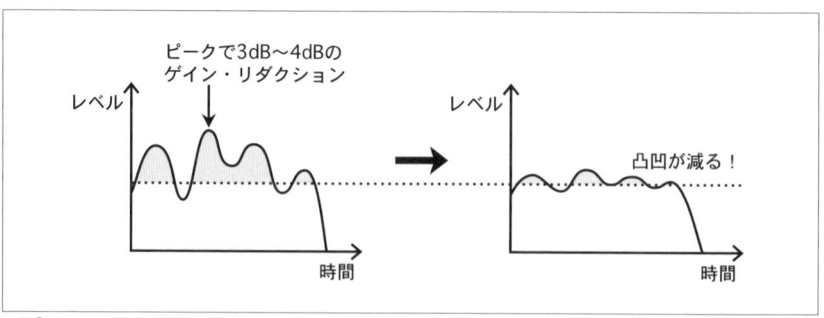

▲図① レベルをそろえるコンプの使い方

PART 2
エフェクト別処理例

◀画面① レベルをそろえる場合は、レシオは2：1か3：1程度にして、そこからスレッショルドを動かしてみます。ピークで3dB〜4dB程度のゲイン・リダクションがあれば、結構レベルはそろっているはずです

下がったレベルはどこで戻す？

「アタック・タイムとリリース・タイムはどうなんだ？」という声が聞こえてきそうですが、ここは結構難しいので、最初の内はオート・モードにするのが良いでしょう。このパラメーターの変化を感じられるようになったら、追い込んで音作りをしてください。

さて、音量をそろえる程度とは言っても、コンプをかけた以上は全体のレベルが下がってしまっています。ですので、最終的にはどこかでレベルを上げて、元のレベルくらいまで戻してあげる必要があるのです。しかし、コンプのアウトプット・レベルをただ上げるだけでは芸がありませんよね。それに、プラグインのコンプというのは実機（ハードウェア）に比べるとどうも音がやせて聞こえる印象があるので、その対策も講じないといけません。

ではどうするか？　筆者の場合はコンプのアウトプット・レベルはそのままで、後段にインサートしたリミッター（マキシマイザー）で音圧を上げるようにしています。リミッター自体で圧縮はほとんど行わないのですが、こちらのアウトプット・レベルで音量を戻した方が、ハードウェアでのコンプのかかり具合に似た効果が得られるようです。これでやっと、コンプっぽさが加わると筆者は考えています。マキシマイザーというと高いという印象がありますが、MASSEY（www.masseyplugins.com）からは安価ながらクオリティの高いモデルも出ているので、ぜひ試してほしい手法ですね。

参照：ノーマライズ→P130、マキシマイザー系リミッター→P100

🔊 CD TRACK

|38| コンプでレベルをそろえる
（処理前➡処理後）

2小節ごとに3段階にわたって音量が上がっていますが、コンプ（BOMB FACTORY LA-2A）をかけるとある程度はそろいます。またザラッとした質感が加わっています。実際のミックスではもう1つコンプ（V Comp）を使用し、2段がけにしました。

41

MIX TECHNIQUE

コンプで音圧を稼ぐ
常に8dB程度のゲイン・リダクション！

こもったらアタックを調整

音圧を稼ぐ場合には、前項よりはコンプを深くかけることになります。レシオは2:1〜4:1程度にして、スレッショルドをかなり低めに設定してみましょう。筆者のイメージでは、8dB程度のゲイン・リダクションが一定してあるのが、このような場合での設定ですね。基本的には、常にコンプがかかっているような感じです。そうしておいて、当然ですがリダクションした分のゲインをどこかで取り戻します。これは、前項同様にリミッター(マキシマイザー)を後段にインサートして、そのアウトプット・レベル処理するのが良いでしょう。その方が、いかにもコンプをかけたという効果が得られるはずです。

コンプによっては、これくらい深くかけるとこもって聞こえる場合も出てきます。その際は、アタック・タイムを少し遅めにして、原音のアタック成分が少し聞こえるような設定にしてみましょう。これで、かなり改善されるはずです。また、リリース・タイムは中間くらいという感じです。

ただ、このような使い方に適しているコンプとそうではないコンプがあります。あまり音圧が上がった感じがしないようなら、使うコンプを替えてみるのが良いでしょう。筆者がオススメなのは、BOMB FACTORY LA-2Aですね。アタック／リリース・タイムが無いので、使いやすいのもポイント高しです。あるいは、NEVEをイメージしたWAVES V Compなども良いですね。

▲画面① 音圧を稼ぐ場合は、レシオは2：1か4：1程度にして、そこからスレッショルドを動かしてみます。常に8dB程度のゲイン・リダクションがあれば、かなり深くかかっているはずです

PART 2
エフェクト別処理例

▲**画面②** FAIRCHILDのシミュレーターなど、真空管タイプを使うのもこの場合は良い結果を期待できます。さらに、コンプの二段がけをするなど、いろいろ楽しもう！

コンプ二段がけも良い

　音圧を稼ぐ場合には、コンプの二段がけもオススメです。この場合は、1つ目のコンプでかなり深くかけつつも、アウトプット・レベルはあまり上げないのが良いでしょう。普段よりは少し下げ目くらいで、2つ目のコンプに送ってあげます。というのは、1つ目のアウトが大きいと2つ目のコンプでさらに大きくつぶれてしまうので、オーバー・コンプになってしまう可能性があるからです。1つ目は、先ほど述べた設定を参考にパラメーターを調整し、2つ目でアウトをガツンと上げるようなイメージで考えてください。

　コンプを2つ使う場合は、どちらかにチューブ系コンプのシミュレーターを使ってみるのも良いと思います。往年の名機FAIRCHILDをシミュレートしたモデルはBOMB FACTORY、WAVESなど各社からリリースされていますが、音圧出しには打ってつけのモデルです。また、NOMAD FACTORYというメーカーからもAnalog Signatureの中にFAIRCHILDシミュレーターがありますね。他にも筆者愛用のPSP AUDIO Vintage Warmerなど、がっつり上がるモデルは幾つもあります。見た目や操作性も含めて、お気に入りのコンプを見つけて使ってください。

　ちなみに筆者は10種類以上のコンプを使っていますが、どのモデルにも何かしら使いどころがあるものです。「コンプに無駄なし」と思って、いろいろトライしてみましょう。

参照：マキシマイザー系リミッター→P100

🔊 CD TRACK

39 **コンプで音圧を稼ぐ**
（処理前➡処理後）

ダブリングしたボーカル（定位はどちらもセンター）にコンプ2段がけ（BOMB FACTORY LA-2AとEMI TG 12413 1969）で音圧を稼いでいます。ボーカルが前にグッと出てきて語尾も聞きやすく、深めにかけるとブレスにも深くかかるので、気になる場合はボリューム調整をしましょう。

コンプで奥行きを表現

奥行き感の調整で立体的なミックスに！

アタック・タイムがキモ

　奥行きというのはディレイやリバーブで演出するものと思われていますが、実はコンプも奥行きには非常に密接に絡んでいます。筆者は常々、特に洋楽で奥行き感が感じられるのは、コンプとディレイの使い方がうまいからだと感じているくらいです。コンプにとって奥行きを出すのは、すごく重要な使い方なんだと思いますね。特にバッキングのピアノなど、あまり前に置きたくないソースにはこの処理がかなり有効でしょう。

　ここで重要なのは、アタック・タイムとリリース・タイムの設定です。ですから、アタック・タイムとリリース・タイムのパラメーターを動かして、実際にコンプのかかり方の変化が感じられるモデルを使うことにしてください。プラグインの場合は、結構変化が分からないものがあったりしますからね。筆者の場合はWAVES API 2500 Compressorや、MCDSP Compressor Bankがこの使い方に適していると感じていますが、意外にDAWソフトに最初からバンドルされているコンプも良かったりするので、試してみてください。また矛盾するようですが、アタック／リリース・タイムのパラメーターは無いBOMB FACTORY LA-2Aでも結構良かったりします。

　設定的には、まずアタック・タイムを速めにします。これで、原音はアタマからコンプがかかるわけです。リリース・タイムはかなり遅めの設定で、要はコンプがかかりっぱなしにします。この状態で結果的には音が小さくなるわけですが、同時に奥から聞こえてく

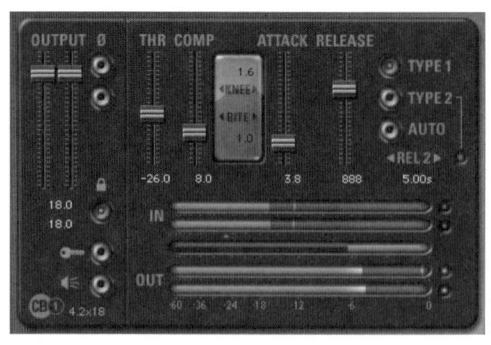

◀画面① 奥まった感じを出すためには、アタック・タイムは速めにし、リリース・タイムは遅めにします。さらに、ソースに応じてつぶす量を加減します

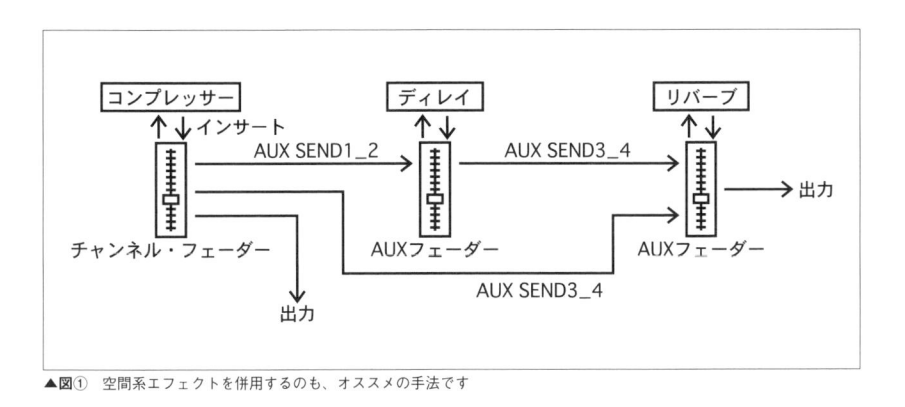

▲図① 空間系エフェクトを併用するのも、オススメの手法です

るのが分かるはずです。アウトプット・レベルを上げていけば、奥行きはそのままで音量が上がってきます。後段にインサートしたリミッター(マキシマイザー)を使ってレベルを上げても良いですが、ここであまり上げるとまた前に来てしまうので、要注意です。

つぶし具合はソースに応じて

つぶし具合に関しては、ソースに合わせて考えてください。バッキングのピアノであれば、レシオは2:1〜3:1くらいで、ゲイン・リダクションも4dB以内の軽い感じが良いでしょう。逆に、ストリングスやパッドのようにつぶすことで音がそろってしまっても良い場合は、レシオは8:1、ゲイン・リダクションも6dB以上という感じでもOKです。こういった設定を追い込んでいけば、各ソースの奥行き感をうまく調整して、立体的なミックスを作っていくことができるはずです。

なお、コンプだけではどうも難しいという場合は、空間系のエフェクトを併用しましょう。コンプで奥にした後でおなじみのテンポ・ディレイに送る量を多くすれば、そのソースはかなり奥にまで行ってくれるはずです。ディレイ成分にリバーブをかければ、音が流れた後に響いてくる効果も演出できます。さらに、コンプを二段でかけてみるなど、さまざまな可能性が広がります。リミッター(マキシマイザー)で音圧を上げた後で、アウトプットを思い切りしぼるのも、結果的には奥から聞かせられたりします。

ちょっと難しいけれど面白いミックスの手法なので、ぜひ試してほしいですね。

参照：音について知る→P066、テンポ・ディレイ→P078

🔊 CD TRACK

| 40 | **コンプで奥行きを表現**（処理前➡処理後） |

バックグラウンド・ボーカルに奥行き感を与えるために、コンプをかけています。コンプがかかっていない時の方が聴きやすいと感じるかもしれませんが、奥行き感を演出した方がより音楽的に聴こえるのが分かります。

43 MIX TECHNIQUE

マルチバンド・コンプレッサー
帯域ごとに違ったコンプをかける！

まずはアウトだけを調整

　コンプには、ロー、ミドル、ハイなどの帯域ごとに処理を施せる"マルチバンド・コンプレッサー"というものもあります。バンド=帯域が多いということですね。そういう意味で、今まで紹介してきたのはシングルバンド・コンプレッサーということになります。

　1つの楽器にコンプをかけるのであればシングルバンドで問題無いのですが、2ミックスやドラムのトップ・マイクなど"広い帯域に音が分布しているソース"には、マルチバンドが何かと便利だったりします。というのも、妙にふくらんでいる低音だけを締めるというような使い方ができるわけですね。この際にシングルバンドのコンプだと、低音に引っ張られて全体にコンプがかかってしまうということで。ただし、バンド数が多ければ良いというものでもなく、やはり3バンド程度が使いやすいと思います。著名なエンジニアのロジャー・ニコルズも、同じような発言をインタビューでしていました。

　このマルチバンドを使ってみるには、まずは各帯域のアウトプット・レベルをいじるだけにしてみましょう。実は帯域の区切り（クロスオーバー周波数）を始めエディットできるパラメーターは多岐にわたるのですが、いきなりだと混乱しますから、使う部分を限定してみるのです。各帯域のアウトを調整するだけなら、ある意味トーン・コントロール的な使い方なのでシンプルです。ローだけを下げてみるとか、試してみてください。

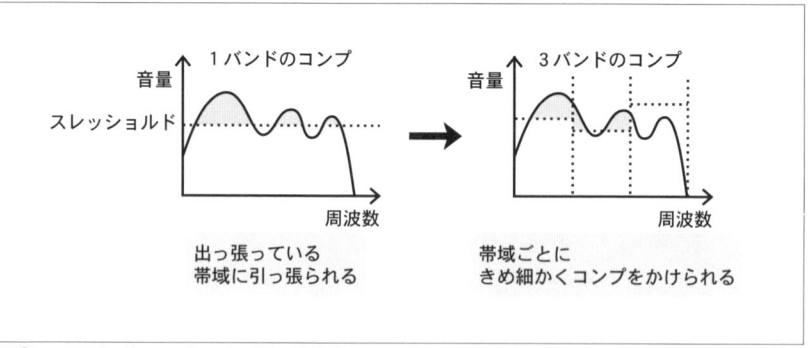

▲図① マルチバンド・コンプレッサーなら、帯域ごとにコンプをかけることができます

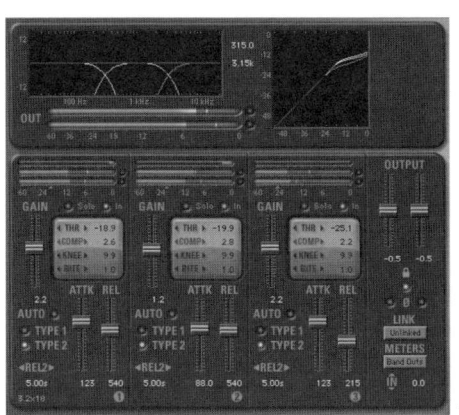

PART 2
エフェクト別処理例

◀画面① MCDSPのMC2000

帯域ごとの微妙な設定差が吉

これに慣れてきたら、コンプの設定を変えてみましょう。この場合は、ミドルの設定はプリセットのままにしておき、ハイかローを少しだけ変更してみるのが良いと思います。例えばローが気になるようだったら、スレッショルドを1目盛りだけ低くして、レシオも4:1程度にしてみましょう。これでローが最初にかかり始め、ミドルとハイはゆるめの設定となります。こうやって、各帯域の違いをほんのちょっとにすることで、様子を見るわけですね。

そこから、最後にアウトの上げ下げで微調整を行います。これだけでも、結構な音の変化が感じられるはずです。ちなみに、どのエフェクトでも同じですが、特にマルチバンドコンプはバイパス音と比較しながら作業をするように気を付けてください。極端な設定にした場合は、原音からかなり変わってしまっている場合もありますからね。

マルチバンドコンプはマスタリングでも使えますし、ミックスであればマスター・フェーダーにインサートするような使い方も考えられます。特にこのタイプの始祖とも言えるハードウェアのT.C.ELECTRONIC Finalizerなどはプリセットも素晴らしく、適切なプリセットを選ぶだけで2ミックスがブラッシュ・アップされた感じになります。そういう意味では非常に気持ちの良いエフェクトなのですが、ミックスではかけ過ぎに注意してください。その後に、マスタリングという作業が控えていますからね。

参照：マスター・エフェクト→P168

◀)) CD TRACK

41　**マルチバンド・コンプレッサーを使う**
　　（処理前➡処理後）

妙にふくらんでしまったローだけを締めたいというような場合、マルチバンドコンプが活躍します。

097

リミッターの基礎知識
レベル管理に特化したコンプ

レシオ∞:1、アタック=0msec

リミッターとは、リミット（制限）を設けるもの……つまりは、あるレベル以上の音を通さないようにするためのエフェクトです。基本動作はコンプレッサーと同じなのですが、レシオが8:1〜∞:1など、まさに一歩も通しませんという感じでかけられるのが特徴です。ですから、使用用途が"レベル管理"に特化したコンプだと思えば良いでしょう。

主な使い方は、機材の保護です。かつてはピーク・リミッターとも言われたように、ピーク成分を通さないことで、後段の機材（レコーダーやスピーカー）に過大な音声信号が入るのを防ぐわけですね。特にPAでは、スピーカーを飛ばさないためにリミッターを入れていることが多かったようです。

またデジタル時代になってからは、レベル管理が非常にシビアになってきました。アナログ時代はVUメーターで監視していたレベルですが、これでは瞬間的なピークを見逃してしまい、デジタル・レコーダーで歪んでしまう場合も出てきます（レベル・オーバー）。そのためにレベル・メーターを併用しつつ、最終段にリミッターを入れることで0dBを超えることが無いようにするわけですね。

ピーク成分を逃さないためにはアタック・タイムもコンプより速い設定にできるものが多く、DAWではアタック・タイム=0msecを実現しているプラグインもあります。これなら、絶対にピークがすっぽ抜けることはありませんね。

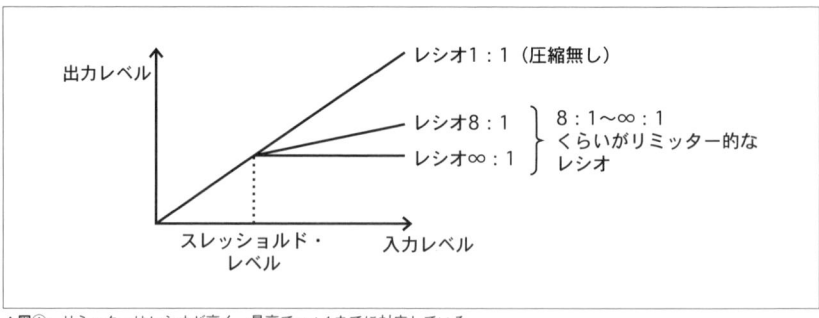

▲図① リミッターはレシオが高く、最高で∞:1までに対応している

PART 2
エフェクト別処理例

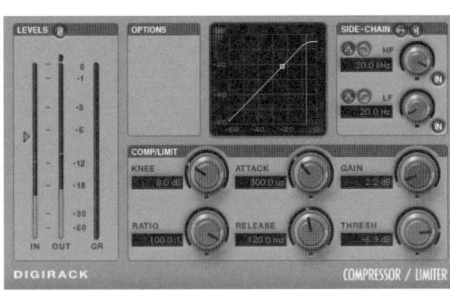

▲▶画面① リミッター機能が搭載されたコンプレッサーも数多い

かけ過ぎには注意！

具体的な使い方ですが、まずはコンプ同様にレシオを決定します。純粋にレベル管理であれば∞：1でも良いですが、ある程度自然な感じを残したいなら8：1程度で抑えておくのも良いでしょう。また、アタック・タイムは当然ながら最速を選択します。一方のリリース・タイムは、ピークだけを抑えるのが目的なのでこちらも最速〜速めで良いでしょう。

これでスレッショルドを調整して、突出したピークがきちんと抑えられる値を探ります。

ゲイン・リダクションが常にかかっているようでは、ピークを抑えているとは言えない状態ですから、ときどきゲイン・リダクションがあるような設定を狙いましょう。あまりにリミッターを深くかけると、ミックス・バランスが変化して聞こえてしまったり、ダイナミクスが失われてしまったりします。くれぐれもかけすぎには注意が必要です。

リミッターは、マスター・フェーダーに入れるのはもちろんですが、各チャンネルに保険の意味で入れておくのも有効です。

参照：マスター・エフェクト→P168

45 MIX TECHNIQUE

マキシマイザー系リミッター
レベル管理から音圧稼ぎまで！

イージー・オペレーション

　前項で紹介したのがリミッターの基本なのですが、マキシマイザーと呼ばれるリミッターも存在し、ミキシングやマスタリングでは大活躍しています。

　このタイプは、マキシマイザーという名前からも分かるように、音圧を稼ぐのが基本ミッションとなっています。なんちゃってマスタリングなら、WAVES L1だけでOKと言われるのも理由が分かるほど、その効果は絶大です。もちろん、深くかければ原音のダイナミクスは失われていきますし、音圧があれば良いというわけではないのですが、今やマキシマイザーがかかっていないと相対的にかなりレベルが低く感じられてしまうのも事実だったりします。

　さて、筆者はWAVESのL1、L2、L3というLシリーズを愛用しているのですが、MASSEY（www.masseyplugins.com）からは廉価なL2007 Mastering Limiterなどもリリースされています。L1に遜色無いほどの効きなので、こういった製品を試してみるのも良いでしょう。

　この手の製品は基本的には使い方が簡単で、Lシリーズであればスレッショルドとアウト・シーリングの2つのパラメーターしかありません。アウト・シーリングで最終的なアウトプット・レベルを決定し、スレッショルドでどれくらい音圧を上げるかを決めるだけ。ただそれだけです。筆者の場合は、マスターに挟む場合であればアウト・シーリングを-0.3dBにして、音圧アップはほとんど無い、レベル管理的な使い方をしています。なおアウト・シーリングは0dBにせず、少し小さめにしておくのが良いでしょう（-0.3dB程度）。

▲画面① WAVES Lシリーズの最新モデルL3。イージー・オペレーションも魅力の1つですね。アウト・シーリング以上のレベルで音は出ないので、スレッショルドを下げて音圧を稼いでいきます

PART 2
エフェクト別処理例

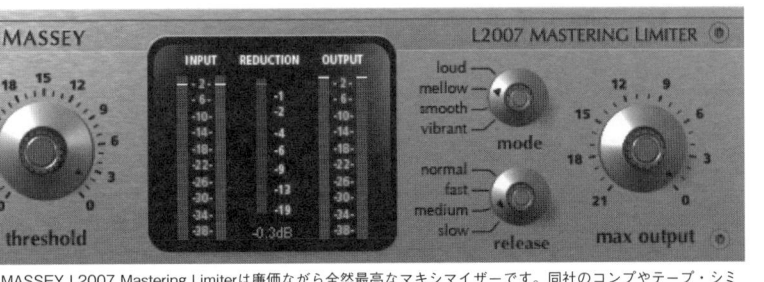

▲画面② MASSEY L2007 Mastering Limiterは廉価ながら全然最高なマキシマイザーです。同社のコンプやテープ・シミュレーターも良い感じで、本当にオススメですよ！

奥行きを出すのにも使える

　筆者の場合は、各チャンネル・フェーダーにもマキシマイザー（L1かL2）をインサートしています。この場合もレベル管理的な意味合いが強く、基本的にはマキシマイザー効果を狙ったものではありません。作業中に、コンプを操作したりしている内にレベルが上がってしまうことなどはよくあるので、その際にクリップ・ランプが点かないための防護策ですね。

　ただ、チャンネルに挟む場合はソースごとにスレッショルドを変えることで、レベル調整的なこともしていたりします。例えばボーカルはスレッショルドを−5.4dBにして、ここで5dBくらい持ち上げる。ここでの持ち上げ具合で音量に加えて前後の距離感も変わるので、そういった微調整にも重宝します。

　あまり前面で出したくないストリングスなどは、さらに積極的にマキシマイザーをかけてしまいます。スレッショルドが−5dB、アウト・シーリングが−4dBというような設定にして、5dBほど持ち上げることでパンチ感を与えつつ、出てくる音量は小さくするわけですね。これで、奥にあるのに存在感のあるストリングスが演出できます。

　単に音圧競争の道具ではなく、マキシマイザーは質感や奥行き作りにも使えるので、ぜひ試してほしいですね。

参照：マスター・エフェクト→P168、簡易マスタリング→P204

🔊 CD TRACK

| 42 | マキシマイザーを使う（処理前➡処理後） |

スレッショルドが−6.9dB、アウト・シーリングが −5.0dBという設定にしたマキシマイザーを、バックグラウンド・ボーカルすべて（9トラック×ダブル）にインサートしています。音量感は同じでも存在感が出てくるのが分かります。

MIX TECHNIQUE

46 イコライザーの基礎知識
周波数ごとの音量をコントロール！

ピーキングとシェルビング

　EQと略して呼ばれるイコライザーですが、その働きはある周波数の音をブーストしたりカットしたりすることにあります。

　イコライザーにはグラフィック・イコライザーとパラメトリック・イコライザーがありますが、レコーディングやミキシングでは主に後者が使われるので、本書でも基本的にはパラメトリックの話をしていきます。

　パラメトリック・イコライザーは多くの場合、ロー、ミドル、ハイの3バンド構成です。中にはミドルがハイミッドとローミッドに分かれていたりといろいろですが、あくまで基本構成ということで。そして各帯域内で周波数は可変となっていて、決めた周波数をブーストしたりカットしたりできるわけですね。この場合に、影響を及ぼす範囲をQつまみで決めることができます。Q幅が広ければ広範囲に影響が及び、Q幅が狭ければピンポイントで補正ができるわけです。こういったEQは、ピーキングタイプと呼ばれています。

　また、ある帯域以上（または以下）をざっくりブースト（またはカット）できる、シェルビングタイプもあります。プラグインの場合は、どちらにも対応できたりします。

　フィルターが搭載されているモデルもあります。これは、ある帯域以上（または以下）の音を通さないための機能です。ローカット・フィルターであれば、不要な低音をカットできるわけですね。この場合、"どの帯域からカットするか"を決められるはずです。

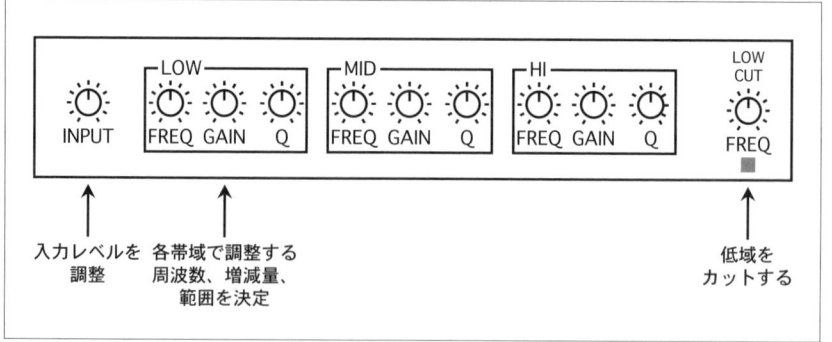

▲図① 　一般的なパラメトリック・イコライザーは3バンド構成です

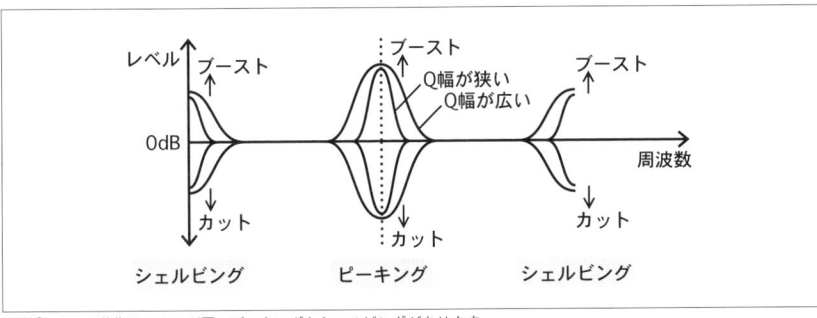

▲図② EQの動作のイメージ図。ピーキングとシェルビングがあります

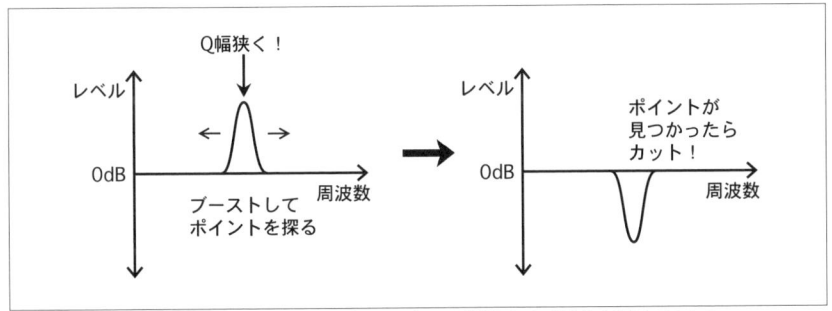

▲図③ 調整する周波数を見つけるためには、Qを狭くしてブースト状態にして、周波数を動かしてみます

EQポイントの見つけ方

　EQの使い方ですが、まずは気になる周波数をカットすることを考えると良いと思います。どうしてもブーストしたくなってしまうものですが、EQはカット方向が基本と覚えておきましょう。また、1つのソースに何個所もEQ補正を施すのは、あまりオススメできません。1ポイントか2ポイント程度に抑えるのが、音質的にも良いでしょう。

　では、EQポイントの見つけ方です。最初の内は自分が気になる帯域がどの辺か分からないはずなので、このやり方を試してください。まずはQ幅を思い切り狭くして、影響の及ぶ範囲がピンポイントになるようにします。そうして、ゲインは8dBくらい上げた状態で、さまざまな周波数を探ってみましょう。不快な要素のある周波数が激しくデフォルメされるので、「ここだ！」というのは比較的容易に見つかるはずです。そうしたら、その周波数をカットします。Q幅は、必要に応じて広げてあげれば良いでしょう。

参照：エフェクトに頼らない→P118

葛巻流イコライザー活用術
意外に決まっているEQポイント

相対関係を考えよう

　イコライザーを使う時に気を付けたいのは、低域が欲しくてローを上げて、そうすると高域が目立たなくなるのでハイを上げて、なんか物足りない感じがしてミドルを上げて……ということの繰り返しです。これだと、結局は全体のレベルを上げたのと同じになってしまいますからね。むしろ考えたいのは、ローを上げたいという場合、逆に言えばハイをカットすることで解決できるのではないかということです。EQは、そういった相対関係の中で調整していくものだということを忘れないでください。

　またEQポイントですが、"楽器ごとのおいしいEQポイント"みたいな一覧表はあまり本気にしないでも良いと思います。人の耳に気持ちが良い帯域（ローは80〜100Hz近辺、ハイは2kHz〜5kHz近辺）をブーストするという、シンプルな方向で考えても良いと筆者は思うのです。カットの場合は、200Hz〜300Hzあたりを抜くと気持ち良かったりします。実は本書でも、EQポイントを示す場合はほとんど上記の帯域だったりするほどです。

　いろいろな楽器があるのに同じ帯域ばかりをブーストしたりカットしたら、おかしなことになってしまうのではないか？　そう思う人もいるかもしれませんが、やってみれば分かるように、ミックスしていく中で意外になじんでまとまっていくものです。ブーストやカットをする際は、ぜひ試してください。

　またビンテージタイプをシミュレートしたプラグインでは、周波数が固定のものもあったりします。でもこれは融通が利かないと思うよりは、その周波数に固定されたのには意味があると考えた方が理にかなっているでしょう。自分が考える周波数と違う場合でも、試してみたら発見があると思いますよ。

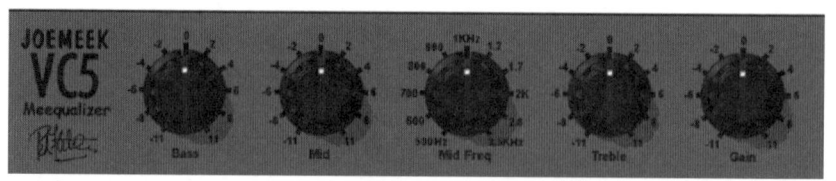

▲画面① 周波数が固定されているEQの例（ミドルは可変）。でも、これが意外に的確だったりするわけです

PART 2
エフェクト別処理例

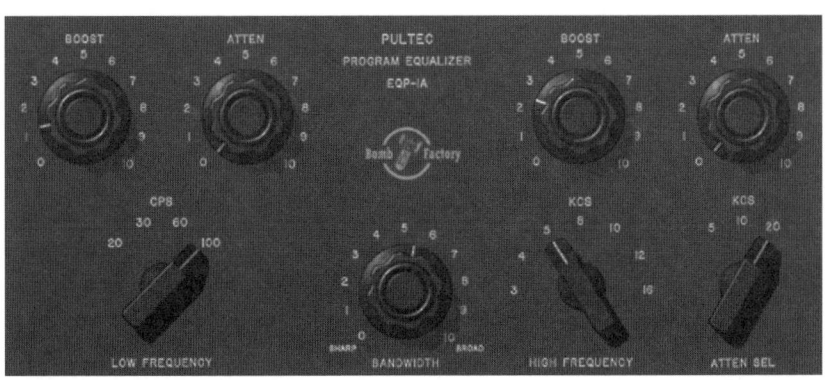

▲画面② 筆者愛用のEQのBOMB FACTORY EQP-1A。PULTECのシミュレーターで、同じ帯域をブースト&カットできるのが使いやすいですね

ミックスでは寸止めで

　プラグインの場合は、DAWソフトに幾つかのEQが最初からバンドルされていることと思います。ですが、EQも製品によってキャラクターがさまざまなので、機会があればデモ版などを使ってその違いを体験してほしいですね。特に重要なのが、思い切りブーストをした際に歪むかどうか。あるいは、意外に歪むけどその音がかっこ良いとか……。操作性に関して言えば、EQポイントが分かりやすいとか、今の状態がグラフ的に表示されるのが分かりやすいなど、これまたさまざまです。自分に合ったモデルが見つかるとモチベーションも上がるので、楽しいですよ。

　ちなみに筆者が愛用しているのはWAVESのAPIタイプや、定番のPULTECシミュレーターです。特にPULTEC EQP-1Aは同じ周波数に対してブーストとカットができて、独特のスムーズなかかり方が素晴らしいですね。

　それからEQでの補正は、マスタリングでデフォルメされる傾向にあります。なので、ミックスでは完璧なEQを求めず、寸止めくらいにしておくのが良いでしょう。

参照：全体を見ながら作業しよう→P160、簡易マスタリング→P204

コーラス
厚みや広がりを演出！

ディレイの応用です

コーラスというのは基本的にはディレイの技術を応用したもので、カテゴリーとしてはモジュレーション系に分類されます。原音にピッチの変化した音を加えることで、複数で鳴っている感じや、厚み、広がりを演出するのに適しています。

メインのパラメーターとしては、まずは2つを覚えておけば良いでしょう。RATEまたはSPEEDが揺れの周期を調整し、DEPTHがコーラス効果の量を調整するものです。独特のうねった効果は、多くの人が耳にしたことがあるはずです。

一番オーソドックスなのは、ギターのアルペジオにコーラスをかけるパターンでしょう。コーラスというのは、ドラム等ではなくウワモノにかけるケースが多いですね。ギターのアルペジオ以外でも白玉系やパッド、ストリングスにコーラスをインサートすれば、ちょっと広がりながらウネウネとうねってくれるはずです。また、他のパートとのなじみが良くなるなどの効果も期待できます。

こういった使い方では、RATEは低め、DEPTHは浅めというような設定が一般的でしょう。うまくすれば、4人のストリングスが8人くらいに聞こえるはずです。また、コーラスをかけた音をディレイやリバーブに送ってあげれば、さらなる広がりや厚みを得ることもできますね。この場合は、ディレイやリバーブの返りの定位にも気を遣いましょう。エフェクトの返りは、元の音と反対方向に定位してあげると、より厚みと深みが出るでしょう。

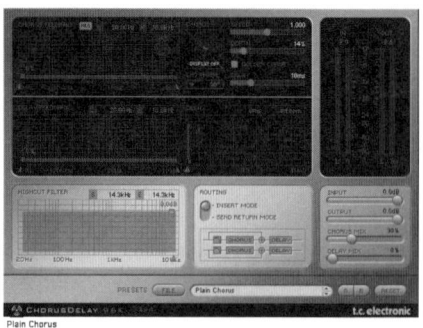

◀画面① SPEEDやDEPTHは抑えめにしたコーラスの設定です

PART 2
エフェクト別処理例

▲画面② ステレオの広がりをコントロールできるモデルでは、さらにいろいろ遊べますね

モノラル素材を広げる

　筆者がよく行うのは、モノラルの素材にステレオのコーラスをかけて広げるというテクニックです。この場合は、モノラル入力／ステレオ出力のコーラスをチャンネルにインサートします。RATEは遅め、DEPTHは抑えめという設定にしてうねる効果は出さず、広げることに主軸を置きましょう。

　機種によっては左右の広がりをコントロールできるので、音源や曲想に合わせてLRフルで広げてみるとか、Rだけに広げるなど、ステレオ・イメージを調整することも可能です。これをうまく使うと、オートパンやトレモロ的に使えたりもします。

　コーラスの姉妹エフェクトとしては、フランジャーというものもあります。こちらはフィードバックを上げていくことで金属っぽいサウンドを得られます。結構エグい効果で、ロック系のミュージシャンは好きな場合が多いですね。それで、ギターやドラムにかけてくれというリクエストをよく受けます。ドラム全体にフランジャーをかけるというのは、昔から行われていた手法だったりしますし。単体で聴くと「NGかな？」という程度でも、オケに混ぜるとかっこ良かったりするので、ロック系以外の皆さんもぜひ試してみましょう。1曲の中での効果というのも考える必要がありますし、アルバムを作っているのであれば10曲の中の1曲の意味も考える必要があります。そういうバランスの中で、時に派手なエフェクトが必要となるのです。

参照：ストリングス→P056

🔊 CD TRACK

43 コーラスで広げる
グロッケン（処理前）➡グロッケン（処理後＋ディレイ）➡ミックスの順番です。ギターのアルペジオやストリングスにかけるのが定番ですが、ここではオート・パン的な効果を出しています。音源にもともと少しエフェクトがかかっていて、そこにさらにコーラスとディレイをかけ、流れるような効果を。実際のミックスではもう少し音量を落とします。

MIX TECHNIQUE

ハーモニクス系（倍音系）
ここぞというソースにかけよう！

EQより楽で良いかも

　ハーモニクス、いわゆる倍音を操作するエフェクトはいろいろ種類がありますが、まずはシミュレート系のプラグインを試してみるのが良いでしょう。アナログ・テープのサチュレーションや真空管のウォームな質感など、デジタル機器で不足しがちな色気みたいな部分を、こういったモデルではプラスすることができるのです。EQで高域を追い込むよりも、ハーモニクス系を使えば一発で解決する問題も多いのでオススメの選択肢です。

　筆者の場合は、MCDSP AC1というアナログ・コンソールのシミュレーターは全チャンネルに挿すほど気に入っています。とはいえ効果は地味で、単体ではほとんど気付かないレベルだったりします。でも、こういった地味なシミュレーターを全チャンネルで挿すことで、質感がそろってくるわけですね。

　テープ・シミュレーターでは、MASSEY Tape HeadやCRANE SONG Phoenixをよく使います。特にTape Headは操作も簡単で、ちょっとしたドライブ感を加えるには最適です。PhoenixはTape Headより穏やかな感じで、マスタリングでもよくかけたりします。オケの中で目立たせたいトラックには、こういったテープ・シミュレーターを使うと良いでしょう。

　そして真空管ものもたくさん出ていますが、筆者が愛用しているのはPSP AUDIO Vintage WarmerやDUY Dad Valveです。良い感じで歪むことで、アナログ的な温かさを

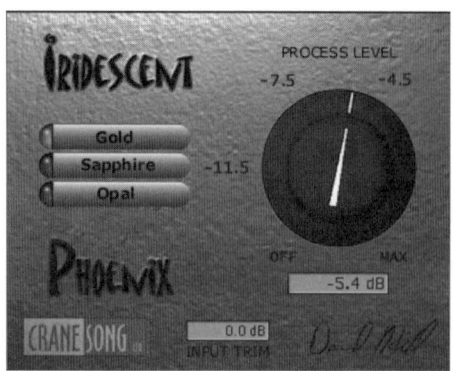

◀画面① CRANE SONG Phoenixはイージー・オペレーションながら、気持ち良い歪みを付加してくれる便利アイテム

PART 2
エフェクト別処理例

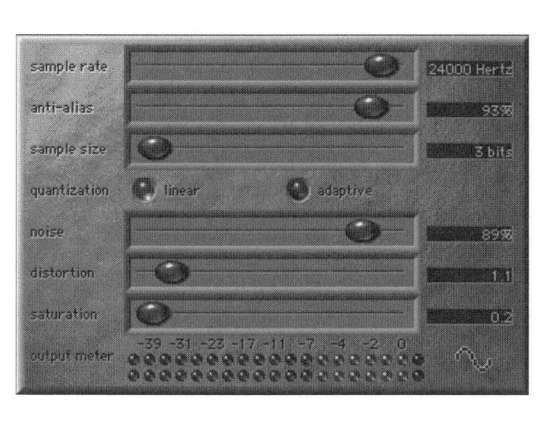

◀画面② 過激なローファイ・サウンドを作り出すDIGIDESIGN Lo-Fi。コピー・トラックにかければ、微妙なコントロールも可能です

簡単に演出することができます。

　テープや真空管のシミュレートものはかかりが結構派手なので、ここぞというソースにかけたいですね。一番前に来てほしいけれど、フェーダーではもう上げられない。コンプのレベルも上げられない。そんな場合にこういったのを挟むと、最終的にチャンネル・フェーダーは下げるくらいでも、前に来て気持ち良い感じで目立ってくれるはずです。

ローファイも試してみよう

　変わり種としては、ローファイ系のプラグインもハーモニクスにカテゴライズされています。DIGIDESIGN Lo-Fiが有名ですが、あえてサンプル・レートを落としてノイジーかつ歪んだ音にするというプラグインですね。かなり過激なエフェクトなので、通常はインサートで使うタイプですが、コピー・トラックを作ってそちらにかける方が微調整はしやすいでしょう。オリジナル・トラックとの音量バランスで、歪み加減を調整するわけです。

　この場合、隠し味的にキックだけにかけてみるのも面白いですね。あるいは、ドラムを2ミックスにまとめて、そこにかける。これは、サンプル・ループみたいなしょぼいドラムができて面白いと思います。

　ちなみにあるマスタリング現場で、マスターがレベル・オーバーしてクリップしているということがありました。でも、時間が無いのでミックスをやり直しているわけにはいかない。それで試行錯誤の結果、Lo-Fiをかけたら歪みが減少したということがありました。その原理はいまだに分からないのですが、そう考えるとLo-Fi二段がけとかも面白いかもしれませんね。

参照：ちょっとひと味足してみる→P136

🔊 CD TRACK

| 44 | ハーモニクス系
（処理前➡処理後） |

ベースにかけているのですが、存在感が増しているのが如実に分かります。ラインもよりはっきり！

109

歪み系

倍音で音楽全体のバランスを取る！

歪みがミックスの手法を広げる

　歪み系エフェクトは前項のハーモニクス系の一部と考えられますが、ミックスにおいて歪みは大変重要なので、あえて1つ項目を設けて解説しておきましょう。

　もともとミュージシャンは歪みが大好きで、コンパクト・エフェクターなんかもたくさん持っていたりします。しかしエンジニアが扱う歪みはそのようなものではなく、むしろ倍音コントロール的な意味合いが強かったりします。例えばドラムのキックを少し歪ませてみたり、ボーカルに少しだけ歪みを付加するなど、微妙な操作が多いですね。歪みサウンドを欲するというよりは、音楽全体のバランスを取るために倍音を調整するわけです。

　例えば、少し歪ませた場合には中域にガッツが出てくるので、EQを利用しないでも中域を強調できます。しかも、ローが細くなる傾向があるので、そこに低音のベースが加わることでトータルのバランスが良くなったりもします。逆に、高域のシンバルを歪ませるのもかっこ良いのですが、その場合は全体の中で高域だけが強くなりすぎないように、他の楽器で中低域を埋めてあげましょう。

　デジタル・レコーディングというのは、放っておくとどうしても全部が奇麗なサウンドになりがちです。ですから、あえてどこかに歪んだ音を入れた方が、意外に気持ち良く聞こえると思います。しかも、ガチガチに歪んだ汚し系ではなく、隠し味的に使うことでミックスの手法も広がり、サウンドの滋味も増すわけですね。

▲画面① 　BOMB FACTORY SansAmp

PART 2
エフェクト別処理例

▲画面② IK MULTIMEDIA Amplitubeも筆者愛用のプラグインです

アンプ・シミュレーターが良い

　さて、こういった歪みの演出には前項で紹介したエフェクトももちろん使えますが、定番的なのはアンプ・シミュレーターですね。特にTECH21 SansAmpはコンパクト・エフェクターで人気があり、プラグインでも使用頻度が高いモデルです。プラグインだとつまみがたくさん付いていて難しそうですが、実は分かりやすいし便利なのでオススメです。

　歪みの種類は、高域で歪むクランチ、中域で歪むパンチ、低域で歪むバズの3種類を組み合わせて使えます。ここでキャラクターを作れるのはもちろんのこと、その後に来るトーン・コントロールでさらに音作りが可能です。例えばクランチで高域を歪ませつつ、トーン・コントロールでハイを落としてちょっとこもらせる。これでスネアをこっそり歪ませたりすると、かなり良い感じになるはずです。また、あえてこのトーン・コントロールを使用せず、EQを後段に挟んで音作りをしても面白いでしょう。

　なお汚し系と言えるくらいに激しく歪ませる場合は、コピー・トラックにインサートして使うのもオススメです。オリジナル・トラックとのバランスで、さまざまな歪み具合を調整できるはずです。またその場合はレンジが狭くなっているので、結構無茶なEQをしても痛くならなかったりします。このときばかりは大胆なEQ処理を行っても良いでしょう。

参照：ちょっとひと味足してみる→P136

◀)) CD TRACK

45　歪み処理
ノーマル・ミックス➡SansAmpトラック➡SansAmp トラックをほんのり混ぜる、という順番です。ドラム、ベース、ギター2本、ボーカル（ダブル）、つまりはすべての素材からモノラルのAUXバスへ送り、コンプとSansAmp、最後にL1でプッシュ・アップセンター定位で混ぜています。これはこれでかっこいいミックスに！

111

51

MIX TECHNIQUE

ステレオ・イメージ系
定位を制御するのはパンだけではない!

モノ音源を広げる

　ミックスというのは、ある決まったサイズの枠の中にさまざまなソースを詰め込んでいく作業です。周波数であれば、低いところから高いところまでをまんべんなく埋める必要がありますし、それと同時に左右の定位もまんべんなく。さらに、奥行きに関しても前後をまんべんなく埋める必要があります。定位に関しては主にパンポットで調整を行いますが、それだけでは難しい場合に登場するのが、ステレオ・イメージ系のエフェクトです。現在、多くのDAWソフトでは最初からバンドルされていることも多いようですね。

　例えば、モノで録音したバッキングのギターがあるとします。これをパンポットで左70くらいの位置に定位させるのですが、どうもうまくなじまない。もうちょっと広げたいなという場合に、こういったプラグインを使うと好結果が期待できます。LRにフルで100-100と広げるのではなく、100-40みたいな感じでやや左寄りに広げて、疑似ステレオを作っていくような感じですね。

　こういったことは、既に紹介したようにコーラスやショート・ディレイでも行えますが、やはり専用のプラグインだといろいろ追い込んでいけますね。例えばWAVES Spreadというモデルでは、この広がり具合を周波数ごとに決められたりと、細かい調整が可能です。ローは広がってほしくないんだけどな……、

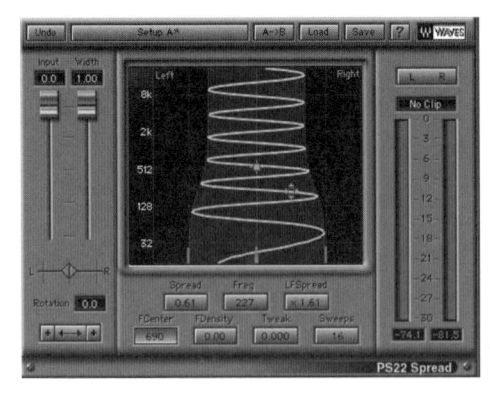

◀画面① WAVES Spreadでは周波数ごとに広がりを決められて便利です

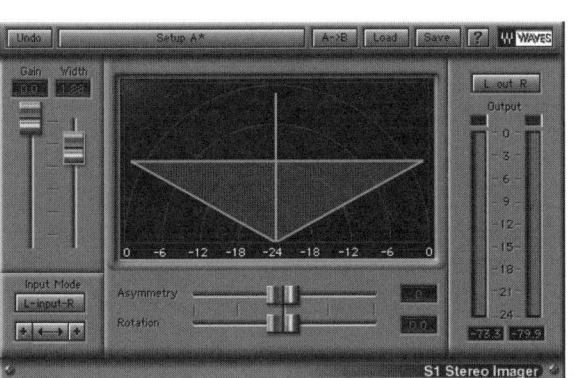

◀画面② WAVES Stereo Imager

などという場合には重宝するでしょうね。筆者の場合は、バックグラウンド・ボーカルを増やすような用途で、Spreadを使うことも多いです。

ステレオ素材にも有効

モノラル素材だけではなく、ステレオ素材でもこういったエフェクトは有効です。広がりすぎているピアノやストリングスを狭めたいという場合でも、単にパンで狭めるよりは立体的な効果が期待できますね。

ストリングスやパッドがどうも聞こえすぎる、目立ちすぎるという場合でも、ステレオ・イメージのコントロールが威力を発揮します。コンプで奥に行かせたり、ディレイでなじませるのも一案ですが、WAVES Stereo Imagerのようなプラグインでもっと広げてぼかしてしまい、定位感を曖昧にするのも良いでしょう。さらに応用として、いったん狭めたものをLから出して、テンポ・ディレイをRから出す。しかも、ディレイにだけリバーブをかけるというようなことをすれば、変わった広がりを演出できるはずです。

また人間には、昔から連綿と続く立体音響や逆相への欲望というものもあります。BEHRINGER Edisonというハードウェアが有名ですが、こういったエフェクトを使用するとスピーカーの外側から音が出てくるような効果を作れます。もちろん、飛び道具なので使いすぎには注意が必要ですが。WAVES Stereo Imagerなどのプラグインでもこういった効果を作ることができますので、興味のある人は試してみましょう。

参照：MS処理→P116、定位の作法→P166

◀)) CD TRACK

| 46 | 広がり処理
（処理前➡空間系処理➡広がり処理） |

イントロのブラスがモノラルなので、そのままだと置き場に困ってしまうところ。ディレイ、リバーブを加えると多少なじむのですが、まだセンター定位なのでいまひとつ。そこでSpreadで広げ、さらにディレイ、リバーブ を加えるとグッと音楽的なミックスになるのです。

ダイナミクス・プロセッサー
簡単にノリをコントロール！

つまみはたった2つだけ

　ダイナミクス・プロセッサーというカテゴリーは、本来はコンプやリミッターを意味しますが、この項ではSPL Transient Designerを独立して扱いたいと思います。それくらい、いま筆者が注目のプラグインなのです！　また、同じような機能のエフェクトが無いというのも、大きな理由です。

　Transient Designerはもともとハードウェアが発売されていて、スタジオではあまり見かけなかったのですが、個人のエンジニアさんやトラック・メーカーさんで愛用している人が結構いた製品です。それのプラグイン版が、ハードに劣らず素晴らしいのです！

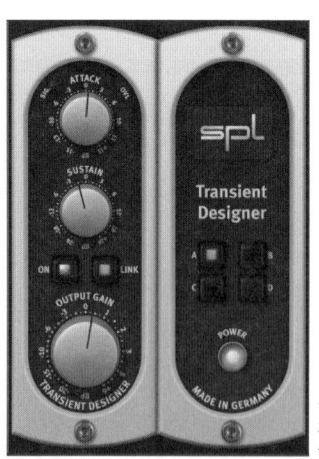

　見た目は非常にシンプルで、基本的にはATTACKとSUSTAINの2つのつまみをいじるだけ。奥行きや音量変化がほとんど無いまま、サウンドを激変させることができます。この場合のATTACKは、原音のアタックを強調したい場合に右に回していきます。また、余韻を伸ばしたければ、SUSTAINを右に回しましょう。アタックや余韻をコントロールするというのは、コンプとゲートを組み合わせたりすればできるのですが、Transient Designerはたった1台で、しかも2つのつまみ操作で簡単にこれを実現しているところがすごいわけです。

　試しに、ポロンと弾いたアコースティック・ギターにでもかけてみましょう。フレーズのアタックを強調するなど、他のエフェクトではなかなかできないことが簡単に行えるはずです。もちろん、ドラムを始めとする打楽器系でもその効果は絶大ですよ。別項で紹介しているように、打ち込みドラムなどでノリをコントロールするのもオススメです。

◀画面① SPL Transient Designerは、たった2つのつまみでノリをコントロールできる驚きのプラグインです

PART 2
エフェクト別処理例

◀画面② 同じくSPLからリリースされているTwin Tube Processor。Transient Designer同様のイージー・オペレーションで、DAWに不足しがちなアナログ感を与えてくれます

ドラムのアンビエンスに

では、筆者の使い方を。ドラムのアンビエンス・マイクを好きでよく使うのですが、まれに"音は良いけど響いている余韻がうるさい"という場合も出てきます。余韻が、どうも曲のノリを邪魔してしまうような例ですね。そういった場合には、SUSTAINをマイナス方向に回してみます。たったこれだけで、ドラム全体のノリがタイトになるのが分かります。また、タムのチャンネルにインサートすれば、かぶっているスネアの余韻も減っていってくれます。これなどは、ノイズ・ゲート的な使い方とも言えますね。

アタック処理は、アタッキーにするのはもちろんのこと、マイクに近づきすぎで収音してしまった管楽器のアタック部分をちょっとぼかすような使い方もできます。意外と歪みがごまかせてしまうわけですね。フレーズのアタマではATTACKがマイナス方向になるような、ピンポイントのオートメーションを書いてみましょう。

あとは、リバーブの後にインサートするのも面白いですね。リバーブの余韻を切るようなことが、簡単にできるはずです。こういうのって、意外とリバーブ単体だと難しかったりするんですけどね。

参照：打ち込み系のドラム→P044

🔊 CD TRACK

47 Transient Designerでの処理
ドラム・アンビエンス(処理前)➡ドラム・アンビエンス(処理後)➡ドラム・アンビエンス(さらに BX_Controlですっきり)➡ミックス(処理前)➡ミックス(処理後)➡たっぷり響かせたソロ楽器も出す、という順番です。ドラムのアンビエンスの響きを、Transient Designerでカットしています(分かりやすくやや強め)。その後リバーブに送り、他の楽器と共通の響き具合を付けるやり方も。ここでは、BX_Controlでアンビエンスの低音を真ん中に集めタイトな響きに。ミックス例ではピアノのアンビエンスにもTransient Designerをインサートしてオケをタイトな響きにし、ソへグムが響きたっぷりに乗っかっています。

115

53 MIX TECHNIQUE

MS処理
定位と奥行きの表現力UP！

もともとは録音用の技術

　MS処理というのは、もともとはステレオ録音の方式です。通常のステレオ信号（LR）から、"L＋R"と"L－R（L＋Rの逆相）"を取り出すもので、定位や奥行きの表現に優れているとされています。なおMS方式のマイクで収音する場合は、通常のステレオ信号へデコードしないといけません。

　筆者が最近凝っているのが、MS方式にエンコードした信号に対して、マルチモノのコンプをかけるという方式です。この場合は、MSエンコーダー→コンプレッサー（BOMB FACTORY LA-2Aなどをマルチモノのモードで）→MSデコーダーと、3つのプラグインを使うことになります。MSエンコーダー／デコーダーは、BRAIN WORXのものが入手しやすいでしょう。MS処理を間に挟むだけで、位相感が向上したように感じられるのも、結構気に入っています。

　さて、この場合のコンプのかかり具合ですが、基本的にはセンターと両サイドみたいな感じに分かれて処理されることになります。つまり、Lchのパラメーターをいじるとセンター定位の要素が調整され、Rchのパラメーターをいじると両サイドのサウンドが調整されるようなイメージですね。そのため、例えばLchをつぶしながらプッシュして、Rchはつぶすけどあまり出さないような設定にすれば、あまり広がらないサウンドを演出できます。これでLchのレベルを下げていけば、広がりは少しで奥に行くようなサウンドも作れます。残響感もかなり変化しますし、通常のステレオコンプとは明らかに異なる効果が得られるのです。そのため、筆者はマスタリングでもこのテクニックを愛用しています。

▲画面① BRAIN WORKS BX_Controlは、MSエンコーダー／デコーダーを内蔵したステレオ・イメージ系エフェクトです

PART 2
エフェクト別処理例

▲画面② WAVES JJP CollectionのFAIRCHILDコンプでは"LAT/VER"がMSの意味です

MS処理内蔵のエフェクト

　MSエンコーダー/デコーダーを使用しないでも、エフェクト自体にその機能が搭載されたモデルを使えば同様な効果を得ることができます。1台で手軽に済むので、こちらも試してみてほしいですね。

　BRAIN WORKS BX_ControlなどはMS処理されたものに対してステレオ・イメージをコントロールできるので、かなり立体的なサウンドを作ることができます。また、MSエンコーダー/デコーダーとして使うこともできるので、好きなコンプを挟んで使うというのも良いですね。前項のTransient Designerとの組み合わせも、かなりの可能性があるでしょう。

　WAVES JJP CollectionのFAIRCHILDコンプも、MS処理を内蔵したモデルです。この製品では"LAT/VER"という言い方をしていますが、これを選べば上側がセンター、下側が両サイドというイメージで調整が可能です。キーボードやストリングス、ピアノなどのソースで広げ方を変えるのには最適ですね。

　もちろんコンプだけではなく、EQ処理にもMSは適しています。大事なソースというのはセンターに集中しているわけですから、センターと両サイドでEQを変えることで、かなりのところまで追い込むことができるでしょう。

参照:ストリングス→P056、パッド系シンセサイザー→P058

🔊 CD TRACK

| 48 | MS処理＋コンプ
元のミックス➡Mのみ➡Sのみ➡MS(ちょっと変なバランス)➡MS(調整したバランス)という順番です。マスターにBX_Controlをインサートし MSに変換、コンプ(BOMB FACTORY LA-2A)をマルチモノにしてそれぞれの設定を変え、ステレオ・イメージとセンター音像をコントロールしています。再度BX_ControlをインサートしLRに変換、この時Mono MakerとStereo Widthでさらに定位感をコントロールできるのが便利ですね。

54 エフェクトに頼らない

いっぱい使うのが良いわけではない！

人間力でカバー

　エフェクト別の処理方法をいろいろ見てきましたが、これは何も"エフェクトをいっぱい使いましょう！"と勧めているわけではないことを、最後に記しておきましょう。

　SSLのコンソールにはEQやコンプが搭載されていますから、EQやコンプというのは録音でもミックスでも定番的に使用するエフェクトであるのは確かです。しかし、特にEQは使わないに越したことは無いわけですし、筆者も録音でEQやコンプをかけ録りすることはほとんどありません。

　録りに関して言えば、EQで補正をするよりもマイキングを変更した方が早いし、納得のいく結果が得られるからです。楽器をレコーディングする場合、オンマイクの音は高域がきつくて使いにくいという傾向にあります。それでEQが必要になるのでしょうが、それだったらオフマイクも立てて、そちらをメインで使用するのが良いでしょう。

　コンプに関しても、筆者は録音時にマイク・プリアンプのゲインをマニュアル操作することで、録音レベルの安定化を図っているのでかけ録りの必要は感じません。例えば歌なら、Ａメロではゲインをアップし、サビでは少し下げるなどの操作を、曲調や歌手に合わせて行っているわけです（手コンプ！）。そういった人力でカバーできる部分も多いので、何が何でもエフェクトを使わないといけない、というわけではないというのは覚えておいてください。

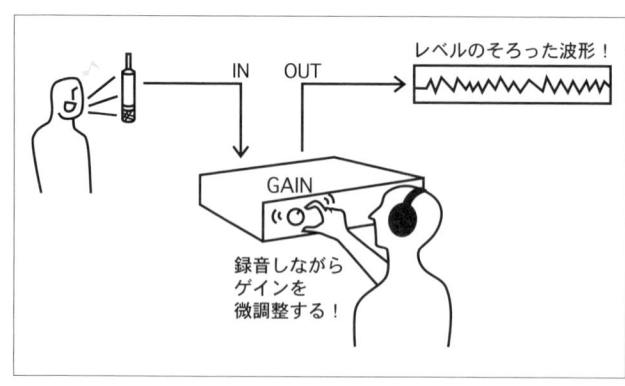

◀図① 録りではマイク・プリアンプのゲインを手で調整して、録音レベルがなるべく均一になるようにします。これは結構難しいのですが、後々の処理が楽になります

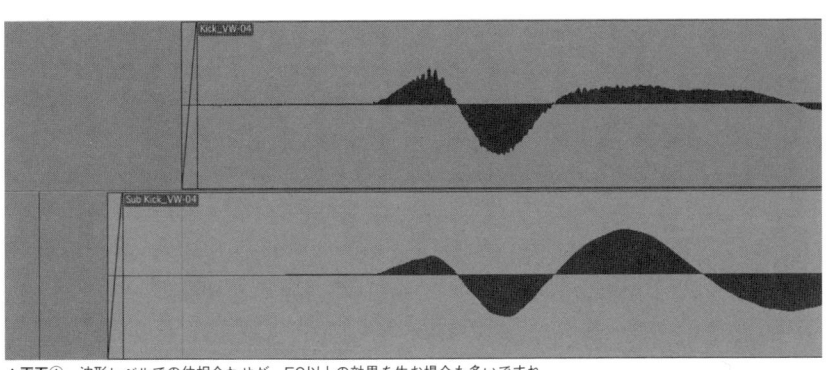

▲画面① 波形レベルでの位相合わせが、EQ以上の効果を生む場合も多いですね

音を激変させる位相合わせ

　ミックスにおいても、特にEQは使うのが難しいので、使用する場合でも慎重にいきたいものです。ある帯域の音量を上げることで、必ず別の帯域に副作用が生じますし、EQポイントが多くなると位相が乱れてきますからね。そういう意味では、アナログ・シミュレーター系のプラグインをEQ的に使う方が簡便だし良い結果を期待できます。

　でも、エフェクトを使用しないで音を変化させる方法はいろいろあるはずです。特にオススメなのが、ドラムを複数のマイクで録った場合や、ベースをアンプとラインで録った場合などの、各ソースのタイミング合わせ（位相合わせ）ですね。どうも音が抜けてこないというような時には、波形の位置がそろうようにオーディオ・ファイルをずらしてみてください。ジャストな位置が気持ち良いケースもあれば、少しずれているのがかっこ良いこともあるでしょう。これの応用で、バックグラウンド・ボーカルを増やす場合に、オーディオ・ファイルをコピーして、少しずらせて配置するというのも考えられます。こういった手法の方が、より本質的に、かつ自然にサウンドを変化させられるのです。

　もちろんエフェクトをかけるのは面白いし、派手な変化というよりは質感を求めて使用するプラグインも結構あります。そういう意味では筆者もエフェクトを愛しているのですが、闇雲に使う前に、他の方法がないかを自問するのは結構重要だと思うのです。

参照：位相を合わせる→P144、音について知る→P066

COLUMN

プラグイン・コレクター

　筆者はもともとコレクター気質があり、CDなども好きなアーティストのものは全部持っていないと気が済まなかったりするのですが、最近はプラグイン・エフェクトを集めています(笑)。

　ソフトウェアですからダウンロード販売で購入すればゴミも出なくてエコなのに、ルックスが好きだったりするので、可能な限りパッケージ版で購入します。WAVESのAPIバンドルなどはあまりのうれしさに先行のダウンロード版で購入してしまったので、わざわざ代理店にお願いしてパッケージだけもらったほどです。

　最近はメジャーなメーカーだけでなく、小さいと言っては失礼ですが、さまざまなメーカーがプラグインを発売しています。VSTにいたっては無数にあると言ってもよいでしょう。そんな中、筆者が注目しているメーカーはMASSEY、PSP AUDIO、BRAINWORX、そしてSPLです。WAVES L1のようにしっかりかかるマキシマイザー、低音のみに特化したEQ、さまざまなMSエフェクト、響きをコントロールする、など工夫次第ですごく役に立つものが多いです。価格も1～3万円前後と、とってもリーズナブルですよ。

PART 3
トリートメントのノウハウ

録音した素材は、なかなかそのままではミックスに使えなかったりします。ノイズの除去からレベルそろえまえで、さまざまなトリートメントが必要なのです。料理に例えれば、これは下ごしらえ的な作業と言えるでしょうね。新鮮な素材を的確に下ごしらえしてこそ、おいしい料理ができあがるのです。

MIX TECHNIQUE 55 > 71

55 MIX TECHNIQUE

不要な部分の処理
波形カットかレベル書きで対処！

生録り素材はノイズだらけ？

　プロ・スタジオで録音したソースでない限り、生録りした楽器演奏やボーカルには、さまざまなノイズが乗っています。特にリハスタや自宅で録音した素材には、不要なノイズが結構入っているものです。完璧に防音が施されていない環境で録音する場合には、その空間特有のノイズが乗っていることが多いわけです。無音部分なのに、「ザー」っていうノイズが聞こえることはよくあるでしょう？　エアコンや冷蔵庫なんかは録音中は電源をOFFにしておけば動作音はしませんが、近くにエレベーターがあればその音がしたり、外を通る車の音が入ってしまったりと、危険はいっぱいなのです。また音声信号が通っていない状態でも、機器やシステムの内部で発生する残留ノイズというものもあります。これは防ぐことができないノイズですね。

　ボーカリストが歌っている状態だったり、楽器が演奏されている状態であれば、こういったノイズはマスキングされてあまり聞こえない場合がほとんどです。しかし、フレーズとフレーズの合間や、間奏後のブレイクなどの無音部分では、そのまま放っておくのはよろしくありません。特にトラック数が多い場合はさまざまなノイズが何トラックもあるなんてことになり、いやな気分ですよね。

　ただ、実は録音中にはそういうノイズに意外に気付かなかったりするものです。なぜなら、録音はオケを聴きながら行う作業なので、意外にごまかされてしまうことが多いのです。でもミックスを始めようとして、ソロで聴いてみたら結構ノイズが乗っていた……なんてことになるわけです。特にコンプをかけたりすると、今までは低いレベルだったノイズも底上げされるので、目立ってしまうという事情もあるでしょう。

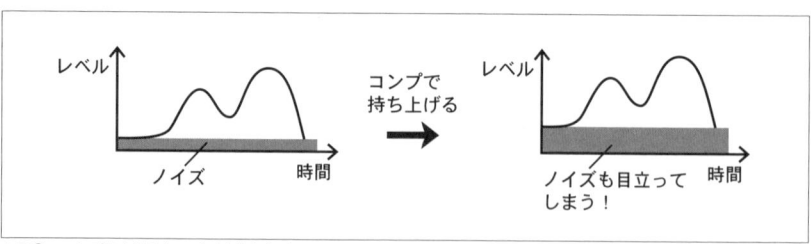

▲図① コンプをかけるとノイズも持ち上がる

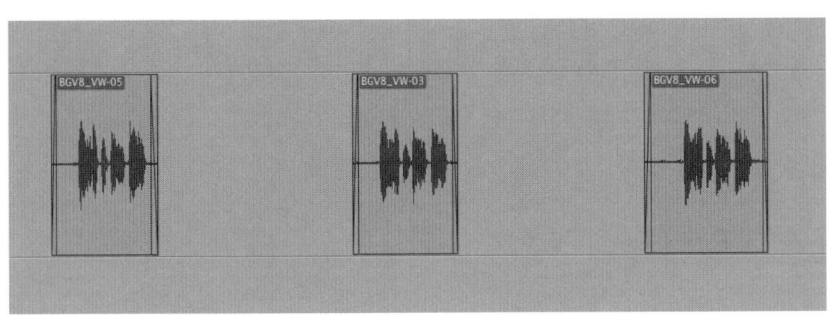

PART 3
トリートメントのノウハウ

▲画面① 無音部分の波形をカットしたら、その前後にはフェードを入れること。なおブレスなどがあるので、ボーカルの場合は波形の前には少し余裕を持たせると良いでしょう

ボーカルにはレベル書きがお勧め

　そういうわけで、ボーカルの場合であれば基本的には歌っていない部分では波形をカットしてしまうか、レベルを落とす（−12dBくらい）のが良いでしょう。ロック系のボーカリストは、アクセサリーの音がガチャガチャ入っていることも多く、ひと節ごとにレベルを書いたりなんていうこともあります。そうなると面倒なので、波形のカットの方が楽で良いんですけど、ボーカルの場合は完全にカットすると味気なくなってしまう場合もあるんですね。そういう意味で、12dB落とすくらいが良いかと思います。

　他の楽器では、無音部分の波形をカットしていけば良いでしょう。ただ、エレキギターのアンプの「ジー」という音や、エレキベースのライン録りのハム・ノイズなんかは、曲中では"あった方が良い"と思える要素だったりもします（もちろん、ケースバイケースですが）。そういう場合は、曲中ではいじらずに、演奏が始まる前と終わった後の波形をカットしておけば良いと思います。もちろん、ブレイクのところでベースだけ「ブーン」なんて音がしていたらかっこ悪いですから、そこはカットです。

　そうやって不要なノイズの処理ができたら、最後にファイル書き出しで1つのファイルとして書き出しましょう。これで、奇麗なトラックの出来上がりです。

参照：ファイル書き出しの作法→P142

ソース別クロスフェード術
基本は短いフェード・タイム！

どんな楽器にも息継ぎがある

波形編集を行っていく場合、オーディオ・ファイル同士がつながっている時にはクロスフェードをかけます。そうしないと、つなぎ目でノイズが発生してしまうからです。このクロスフェード、意外にソースごとにかけるコツがあるので、見ていきましょう。

ボーカルは、基本的には息継ぎの前でつなぐのが良いでしょう。有音部分同士をつなぐわけではないので、クロスフェードはDAWソフトの一番短い設定でOKです。それでノイズが発生するようでしたら、クロスフェード・タイムを少しずつ伸ばしていきます。基本的にはクロスフェードは、短い方が自然につなげると覚えておいてください。これでうまくつながれば良いのですが、息継ぎのタイミングや長さ、大きさは結構テイクによって変わってきます。うまくつながらない場合は、息を吸った後、歌い出す前の一瞬の間が狙い目です。息継ぎまではテイクAで、歌からがテイクBという感じです。もちろん、クロスフェードは短めで。これがうまくはまる例は多いので、ぜひ試してみてください。

実はこの息継ぎ、ほかの楽器でも使えるつなぎのポイントです。特に管楽器は実際に息継ぎが収音されるので分かりやすいですが、フレーズは呼吸と密接な関係があり、ライン収録の楽器でもうまく切れ目を見つければ短いクロスフェードでつなげられます。そうすれば、"音楽的なつなぎ"ができたと言えるでしょう。

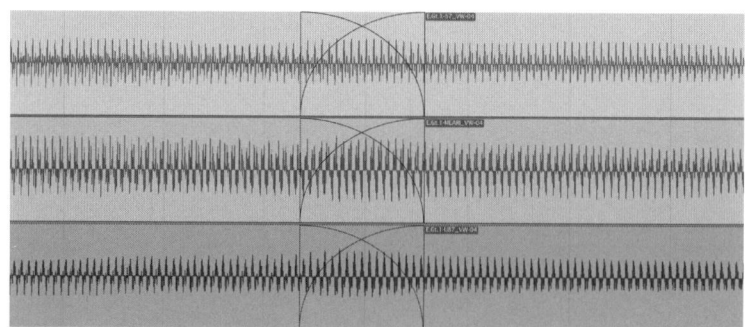

▲画像① ギターの持続音の場合、120msecのクロスフェードでつないでいます（マイク3本で収音しているので、全トラックにフェードを書いています）

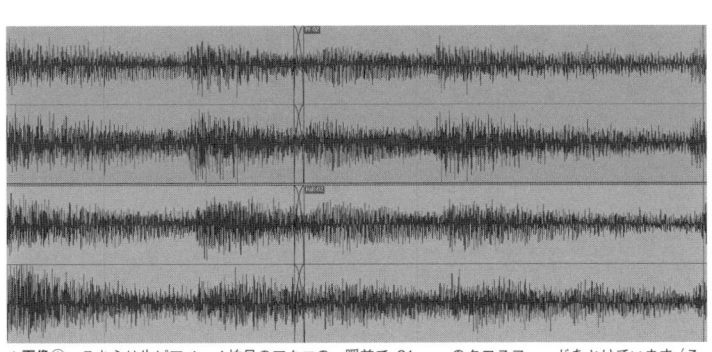

PART 3
トリートメントのノウハウ

▲画像② こちらは生ピアノ。4拍目のアタマの一瞬前で、31msecのクロスフェードをかけています(こちらはステレオ素材×2)

音量の差にも気を付けたい

　エレキギターの持続音は、結構つなぐポイントが無かったりします。そういう場合は、持続音のところで長めのクロスフェードでないでしまうのが得策です。100msecくらいから始め、500msecくらいまでの範囲で試してみましょう。これはシンセのパッドでも有効な方法です。ただしモジュレーション系のエフェクトがかかっている時は、エフェクトのうねりの周期が崩れないような配慮も必要です。

　ドラムも、Bメロのアタマやサビのアタマにはシンバルが入っていて、その余韻が次の小節の終わりくらいまであったりするのでなかなか厄介です。しかも、そのシンバルの前にはだいたいフィルインがあるので、ちょっと難しい。なのでポイントとしては、2拍目や3拍目の裏が狙い目です。クロスフェードの長さは、20msecくらいから始めて100msecくらいで収まると良いでしょう。

マルチマイクで収音している場合は全トラックをつなぐ必要があるので、長めのクロスフェードの方が好結果を期待できます。もちろん、ブレイクなどの無音部分でつなげられるなら、短いクロスフェードでOKですよ。

　一番難しいのが生ピアノです。打鍵の後にペダルを踏むので、倍音変化はあるし持続はするしで、なかなかポイントを見つけづらいと思います。ドラム同様、2拍目や3拍目の裏を狙いつつ、逆張りで持続音の部分も試してみましょう。また、キメなどのちょっと難しいフレーズでつなぐのもオススメです。こういう部分はフレーズも安定していますし、ペダルを使っていない場合が多いですからね。

　なおクロスフェードでつなぐ場合は、前後の音量レベルの差にも気を付けましょう。グルーブはばっちりでもレベルがガタガタでは、奇麗につながって聞こえません!

参照:テイクのまとめ方→P132

57 MIX TECHNIQUE

リップ・ノイズ対策
気にしない気持ちも大事

レコーディング時の対策法は皆無？

リップ・ノイズというのは、閉じていた唇が開く際などに出る「ピチッ」「プチッ」という音です。アナログ時代はそんなに気にならなかったのですが、奇麗に録れるデジタル録音が主流の現在では、耳に付くので嫌がられる傾向にあります。そんなリップ・ノイズのチェックは、ラジカセやパソコン用のスピーカーでは分かりにくいので、ヘッドフォンで行うのが良いと思います。

ボーカリストがマイクに息を吹きかけてしまう"吹かれ"はマイクの角度調節などで軽減できるのですが、残念なことにリップ・ノイズは録音段階では対処のしようがありません。何と言っても、実際に出ている音ですからね。しかも、「リップ・ノイズが出ていますよ」なんてボーカリストに指摘をすると、あまり良い結果を生まない場合が多いです。リップ・ノイズを気にするあまり、肝心の表現力が落ちてしまったり、余計にリップ・ノイズが出てしまったり……。だから、レコーディング時にはあまり神経質にならないのが良いでしょう。"気にしない"という気持ちを、2割くらいは持つようにしたいものです。

実際、カーペンターズのリマスタリング・アルバムなんかを聴くと、結構平気でリップ・ノイズが入っていたりするものです。ですから、リップ・ノイズが入っているからダメということではなく、ヘッドフォンで聴いて気になるところを処理していく方向で考えましょう。

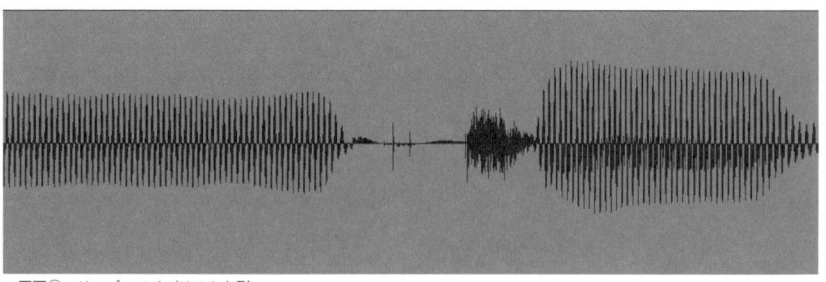

▲画面① リップ・ノイズはこんな形

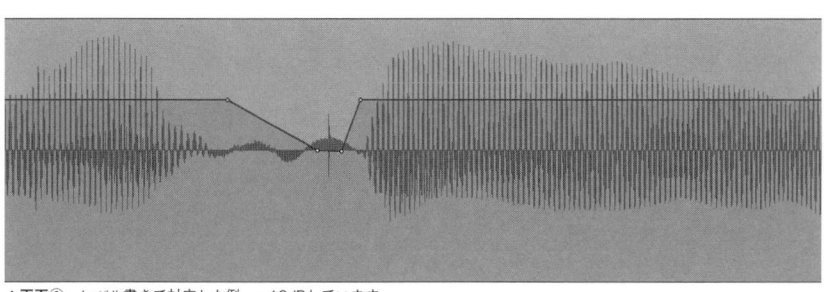

▲画面② レベル書きで対応した例。−10dBしています

リップ・ノイズの波形は一目瞭然

　実際の処理方法ですが、筆者はノイズ部分の波形をカットするか、レベルを書いて目立たなくするかが半々の割合といったところです。波形的には一目瞭然なので、処理する場所を見つけるのは簡単だと思います。

　波形処理をする場合は、カットした前後のオーディオ・ファイルにはフェードを入れてください。そうしないと、切れ目でノイズが発生してしまう場合もあるからです。

　レベルを書く場合は、8dB〜12dBくらい落とすのが一般的です。結構短い時間内でのレベル調整なので、ソロで聴いても不自然にならないようにするのが理想です。

　歌う直前とか、フレーズとフレーズの間に出てくるリップ・ノイズは以上のような方法でカットが可能ですが、ノイズが言葉に乗ってしまうケースもまたあります。そういった時は、波形自体を書いてしまうか（ペンシル・ツールでならす）、別テイクの同じ個所をうまく差し替えてはめ込むか……。筆者自身はあまり行わないのですが、そういった方法が考えられるでしょう。

　ただ繰り返しになりますが、リップ・ノイズを目の敵にして、何が何でも全部除去しないとと思うのは、やめておきましょう。ブレスやリップ・ノイズの無いボーカル・トラックは、何とも味気ないし、クールになりすぎてしまうものです。変な話、ブレスやリップ・ノイズがないと本物っぽく聞こえないという感じもあります。処理をするのは、明らかにだれが聴いても不快に感じると思われる場所にとどめておきましょう。

　波形カットであれ、レベル書きであれ、処理が終わったら1つのファイルに書き出しです。これで、ミックス作業に臨めるわけです。

参照：不要な部分の処理→P122

58 演奏に絡んだノイズの処理
録音で注意することも多いのを知ろう

アコギのフレット・ノイズ

楽器演奏に付随するノイズで言えば、よく気になるのがアコースティック・ギターで押さえるフレットを変更する際に起きる「キュッキュッ」という音ですね。これは、フレット・ノイズなどと呼ばれています。ただ、フレット・ノイズ自体を演奏の一部と考えるギタリストもいますから、必ずしもカットする必要は無いとも言えるでしょう。その辺は、ミュージシャンやプロデューサーとコンセンサスを取って作業します。

フレット・ノイズに関しては、録音時のマイクの向きでかなり軽減できるということを言っておきましょう。マイクをフレット方向に向けないセッティングにするか、少し遠くから楽器全体の鳴りを録るようにするか(その場合は、ステレオ・マイクがオススメです)、マイキングで対策できるようならそれが一番です。

ただリップノイズと同様ですが、フレット・ノイズもコンプをかけると強調されてきます。トータルでは、ギターの演奏音と同等、もしくはそれ以上に聞こえる場合も出てきます。しかも結構高い音なので、耳に付くんですね。ですので、気になるところは波形をカットするか、レベルを落とすようにしましょう(8dB程度が自然です)。筆者の場合は、波形のカットではクールになりすぎるという考えから、レベルを落として多少残すくらいの処理が多いですね。

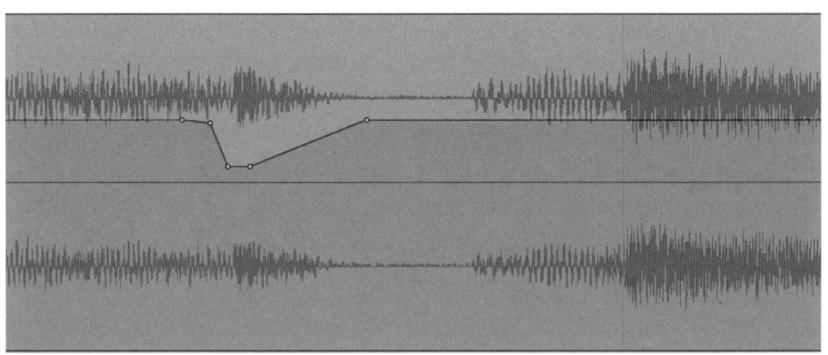

▲画面① フレット・ノイズを処理する場合は、レベルを落としてあげるのが自然で良いでしょう

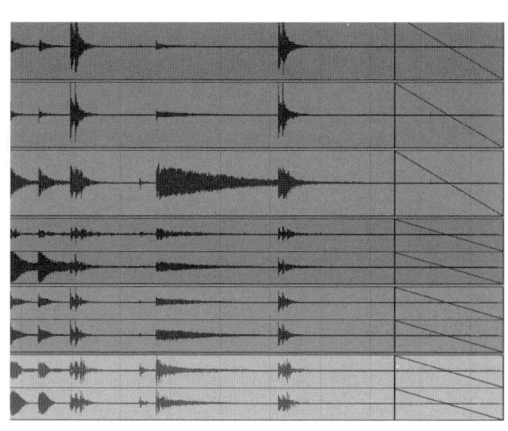

PART 3
トリートメントのノウハウ

◀画面② 演奏終了直後の"ほっとノイズ"は、フェードで処理するしかない。せっかくの余韻がもったいないことになる！

演奏終了直後の"ほっとノイズ"

　あと困るのは、演奏が終わってほっとしてしまい、まだまだ余韻があるのに演奏者が立ててしまうノイズですね。例えば、曲が終わって1秒後に、ドラマーがスネアにスティックを置いてしまったり、イスが「ギシッ」なんて音を出したり、ギタリストが楽器を置いてしまったり……。非常に困るんですけど、実は現場で多発しています。しかも、いくら注意をしても結構みんながやってしまう。そうなると、フェード・アウトを入れてノイズの前で終わるようにしないといけなくなるので、非常にもったいないのです。ですので録音前には、ダメ元ではありますが、「演奏終了後も5秒くらいはじっとしててください」と告げておきましょう。曲の厳密なサイズを決めるのはマスタリングの際でOKなので、録音やミックスでは、演奏の前後には余裕を持たせて録っておくのが良いのです。

　なお、録音に慣れていないミュージシャンには、演奏と演奏の合間でも音を立てないように硬くなっている人がいます。そうすると、演奏も硬くなってしまいますし、場合によっては逆にノイズを出してしまうこともあります（弾き始めで楽器に手が当たったり……）。そういうことを避けるために、合間のノイズはカットできることを教えておいてあげるのも、エンジニアの役目だったりします。「あんまり気にしないで大丈夫ですよ」と、一声かけてあげましょう。

　それからこれも録音時の注意ですが、クリックの音がヘッドフォンから漏れていると、ブレイクとか静かなパートで聞こえてしまったりします（ヘッドフォンは密閉型に！　そしてクリックの音量は控えめに！）。DAWは便利なのでどんなノイズでも消せると思われがちですが、演奏にかぶったノイズは基本的には消せません。その辺にも注意して、録音を行いたいものです。

59 ノーマライズ
レベル調整の下ごしらえ

レベルはなるべくそろえておく

　ミックス・ダウンは、各トラックの音量バランスを取っていくのが1つの大きな目的です。例えばボーカルは大きめに聴かせて、ストリングスは小さめとか、ジャンルや曲調に応じてソースの大きさを配分する。もちろん定位の決定やエフェクトをかけることも重要ですが、レベル決めも非常に大事なのです。

　このレベル決め、通常であればフェーダーを上下させて、そのトラックの再生レベルを決めることになります。大きく出したいトラックはフェーダーを突いて(上げて)、そうでもないトラックはフェーダーを落とす、ということですね。

　さて、基本はそうなのですが、筆者の場合はフェーダーはだいたい0dBでそろっているような状態になっています。つまりフェーダーが、トラックごとにバラバラな状態ではないのです。アナログ卓の場合であれば、0dBのところ("規定"と呼ばれます)が音質的にも有利ということがあり、こういう手法はよく使われたものです。しかしDAWの場合は規定以上(や以下)のレベルにしても特に問題は無いわけですが、筆者にとってはフェーダーは横並びの方が作業がしやすいのです。

　では、音量レベルはどこで決定するのかという話なのですが、これはプラグインのアウトプット量で決めているんですね。『マスタ

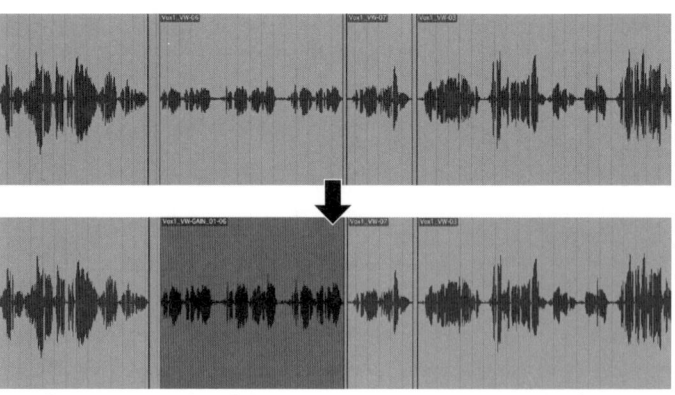

▲画面① あまりにレベルが小さい部分は、あらかじめノーマライズなどでゲインを上げておく

▲**画面②** Pro ToolsのAudio SuiteプラグインNoramalize。dBまたは％で、ゲインUPの量を指定できる

リングの全知識』でも紹介しましたが、リミッターで5dB上げて、そのアウトでは−3dBにするとか、そういったことを積み重ねてバランスを取るようにしています。

こういうやり方をしているので、個々のトラックや、オーディオ・ファイルはなるべくレベルがそろっている方が後々の作業をやりやすくなります(実はこれは、普通にフェーダーを操作して音量バランスを取る際でも同じと言えるのですが……)。

ピンポイントで使うのがオススメ

特に現在のデジタル・レコーディングにおいては、録音時の過大入力によるクリップを嫌うので、余裕を持たせてピークは−10dB程度にしておく傾向があります。そうすると、どうしても他に比べて小さい波形のトラックが出てきますし、同じトラックの中でも、テイクによってレベルの差が出てくることもあるわけです。そんな場合には、ノーマライズやゲインという機能を使って、オーディオ・

ファイルにゲタをはかせ、音量レベルをある程度そろえておくのが良いでしょう。いわば、下ごしらえですね。

Pro Toolsの場合であれば、Audio SuiteプラグインにNormalizeというのがあるので、範囲を指定して、どれくらい底上げするのかをdBか％で決めてあげましょう。気を付けたいのは、こういったプラグインはリアルタイムでかけるものではなく、ファイル・ベースなのでファイル管理が大変になるということ。あまりにファイルが多いと何かと面倒なので、早めにまとめる方向で考えましょう。

また、ノーマライズはファイル全体にゲタをはかせるものなので、必然的にノイズ・レベルも上昇するということは忘れずに。なるべく録りのレベルを大きくすることで、ノーマライズは多用しない方が音質的には良いでしょう。ピンポイントで使用するお助け機能、それくらいに思った方が賢明ですね。

参照：テイクのまとめ方→P132

60 MIX TECHNIQUE

テイクのまとめ方
元ファイルは残したままで

録りでテイクを重ねる2つの方法

　ボーカルや楽器を録音していく場合、テイク1で一発OKというのはなかなか無いものです。確かにファースト・テイクは勢いがあって良いのですが、それで完璧とまでは難しい。ですので、ファースト・テイクのまずい部分を補うという形であれ、10テイク以上録った素材をコラージュ的に使うという形であれ、"テイクのまとめ"という作業がトリートメントとして必要になるわけです。

　で、まずはテイクの重ね方なのですが。DAWの多くでは、次の2つの方法を使うことができます。❶トラックのプレイリストを使って、1つのトラックに対してテイク違いを作っていく　❷トラック1、トラック2、トラック3……というように、実際のトラックにテイク違いを録音していく

　これはどちらでも好きな方を選んでもらえば良いですが、実際に録音をしていく際には❶の方がやりやすいかもしれません。というのも、1つのトラックに何度も録音していけるので、I/Oやプラグインの設定などはそのままでOKだからです。❷だと、テイク1はミュートして……とか、ちょっとした手間がかかると思います。ただ、テイクをまとめていく際には、各テイクの波形をいっぺんに見ることができる❷の方が作業はやりやすい（DAWによっては、いっぺんに見る機能を有しているものもありますが）。そんな違いがあるかと思います。

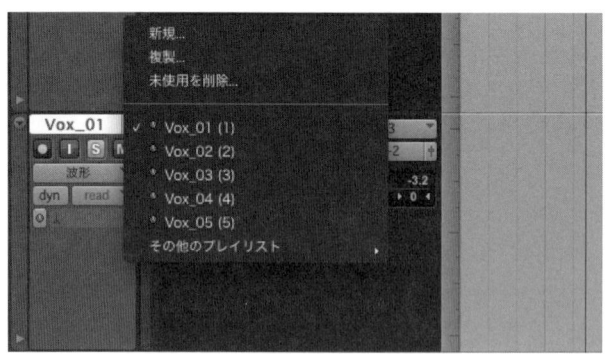

▲画面① 　プレイリストにテイクを重ねていく場合（Pro Toolsの例）

PART 3
トリートメントのノウハウ

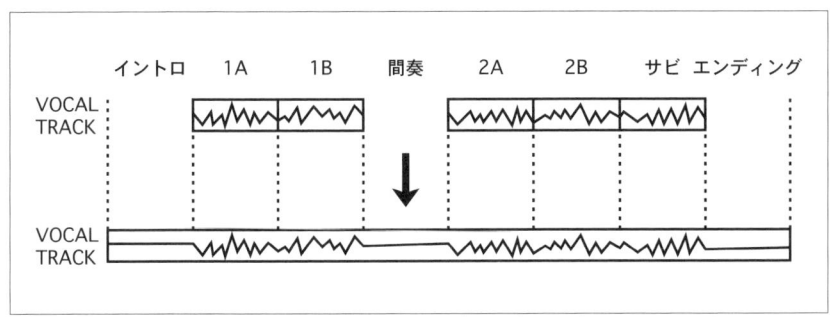

▲図① コピー&ペーストでOKテイクをまとめたら、ファイル書き出しで1本のオーディオ・ファイルにする

OK部分をコピー&ペースト

　では、実際にテイクをまとめていきましょう。そのためには、各テイクのどの部分をOKとして、OKテイクを作っていくかということを決める必要があります。例えばボーカルであれば、1番のヒラ歌はテイク1、Bメロはテイク2、2番のヒラ歌はテイク3とか、そういうことですね。筆者が携わるレコーディング現場では、プロデューサーさんなどが歌詞カードにこまめにメモをしていきます。

　OK部分がリストアップされたら、元のテイクは残したままで、新しいトラックにコピー&ペーストをしていきましょう。ここで重要なのが、"元のテイクは残しておく"ということです。とはいえ、1つのテイクでも細切れに録音している場合もあるでしょう。そうすると、細かいファイルが多くなってわけが分からなくなる危険もあります。そういう場合は、先にファイル書き出しをすることでテイクごとに1本のオーディオ・ファイルとしてまとめてしまうのがオススメです。そこから、OK部分をコピー&ペーストしていきましょう。

　コピー&ペーストで完成したOKテイクも、最終的にはファイル書き出しで1本のオーディオ・ファイルにします。こうしておけば、DAWソフトのバージョンが変更した場合などでも、最悪でもオーディオ・ファイルは開けますからね。ファイル書き出しする前には、ファイル同士のつなぎ目ではクロスフェードをかけ、無音部分とのつなぎ目ではフェード・インまたはアウトをかけます（お約束のノイズ対策）。

　ちなみに、テイク違いの素材は、結構レベルにばらつきがあるものです。ですので、1本のオーディオ・ファイルにまとめる前には、ノーマライズやゲインである程度レベルをそろえておきましょう。ある程度調整してからミックスでコンプなどをかければ、かかり方も安定して同じ効果が得られますからね。

参照：ノーマライズ→P130、ソース別クロスフェード術→P124

133

MIX TECHNIQUE

音量レベルを書く
表現力のアップや曲全体のレベル管理のために

歌い出しはフェーダーを突く

　本来はアレンジ的な部分だったり、演奏者の表現力の部分だったりするんですけど、トリートメントとして各トラックの音量レベルを書くという作業もよく行われています。要はレベルの上げ下げを書いてあげる、ボリュームを操作することによって、演奏が良くなって聞こえる場合があるわけです。あるいは、全体のバランスを崩すことなく、あるトラックを大きく聞かせることもできたりする。結構重要なテクニックなので、覚えておいて損は無いと思いますよ。

　かつては"手コンプ"などとも呼ばれたのですが、要は手でフェーダーを操作することでコンプ的なレベル調整を行う。これが、まずは第一歩でしょう。DAWであれば、実際にフェーダーを上下すると言うよりは、マウスなどでレベルを書いてしまうのが良いでしょう。フェーダーの上げ下げも記録できるので、そちらを利用しても構いません。

　別の例としては、筆者はそれほど行わないのですが、歌詞の中で強調したい単語では少しレベルを上げてあげたり、逆に、強調したい言葉の前で少しレベルを落としたり……。ボーカルの抑揚に寄り添いつつ、その振幅を少し大きく表現してあげるわけですね。こういったことは、当然ですがボーカリストの許可を受けた上で行いましょう。

　また、経験的に言えるのは、ボーカルの歌い出しを少しだけ突いてあげる（レベルを上げる）。そうするだけで、そこから後もレベルが上がって聞こえるものです。歌い出しの音域が低かったりする場合も多いですし、これは有効です。1番のアタマ、2番のアタマと、毎回やっても良いでしょう。

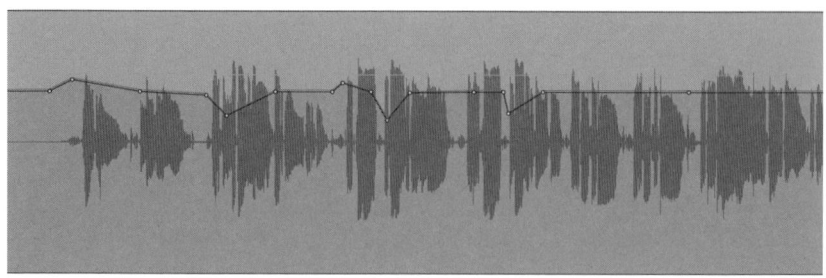

▲画面① 　ボーカル・トラックへのレベル書きの例

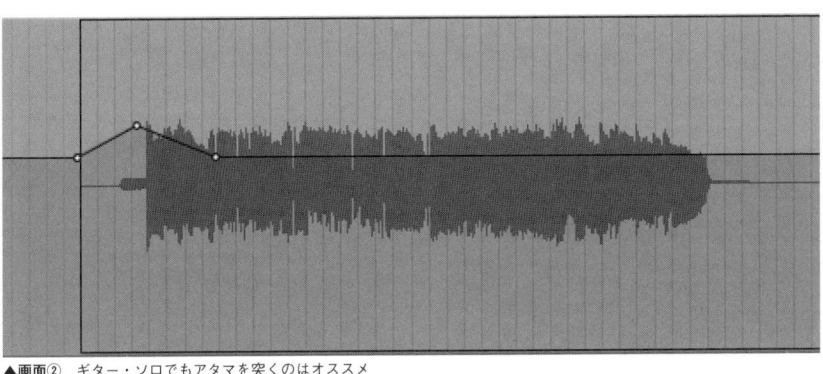

PART 3
トリートメントのノウハウ

▲画面② ギター・ソロでもアタマを突くのはオススメ

ギター・ソロのアタマも突く

　同じようなことは、ギター・ソロでもよく行います。ただこの場合は、表現力のアップとはまた違った意味合いがあるのですが。

　というのも、ミックスでは往々にして「ギター・ソロのレベルを上げてくれ」とオーダーされることがあるんですね。でも、あんまりギター・ソロを上げると全体のバランスが狂ってしまいます。ギター・ソロなんかは聞きどころとしてリスナーもとらえていますから、実際はそんなに大きくする必要も無かったりするわけです。

　そういうわけで、ギター・ソロのアタマだけ突いてあげます。そうすると、やはりその後も大きくなったように聞こえるのです。こういったテクニックを使えば、限りある"曲全体のレベル"を浪費することなく、各トラックをうまく配置できるようになるはずです。

　ミュージシャンのリクエスト通りにレベルを上げていってしまうと、どうしても全体のバランスが崩れてしまいます。特にプロデューサーがギタリストだったりベーシストだったりすると、自分の楽器を大きくしたがる傾向もありますしね（笑）。そういう中で、エンジニアがちょっと客観的な耳を持ちながら、錯覚なんかも利用して、ミュージシャンの希望とリスナーへの配慮をすり合わせていく。場合によっては、「上げました」なんて言いながら作業をした振りをして、実は何もしていないとか。それでレベルが上がって聞こえることも多いわけですから、いろいろなテクニックを使って作品を良くしていきましょう。

135

62 MIX TECHNIQUE

ちょっとひと味足してみる
生演奏のループ化はいかが？

アンビエンスの音を汚す

　DAW時代では、さまざまな素材を自由に組み合わせてミックス作業をすることができます。この世界に深入りすると楽しくて抜け出られないのですが（笑）、面白い効果が得られるので少しご紹介しておきましょう。

　宅録系の人なんかでも、ドラムだけは生が良いのでリハスタに録りに行く場合は多いかと思います。そんな時には、ドラマーにいろんなフレーズをたたいてもらって、録りためておきましょう。例えばスネアだけのフレーズとか、ハイハットだけのフレーズとか、タムだけのフレーズ……もちろんドラム全体でも良いでしょう。録音する際には、オンマイクはもちろんのこと、できればアンビエンス・マイクもあるとなお良しです。

　こうやってストックした素材を、コンプで強烈に歪ませてループ的に流して加えたりすると、かなりのアクセントになります。特にアンビエンスは、汚すと空気感も含めて変化してくれ、意外な効果が出るものです。さまざまなエフェクト処理を試してみましょう。

　こういったことは市販のドラム素材集でもできますし、音を激変させることを考えれば、自宅にある身近なもの（イスや机など）をたたいた音でも面白いと思います。テンポ管理されている楽曲であれば、ループ化して合わせていくことは簡単ですし、一発で雰囲気を変えられますよ。

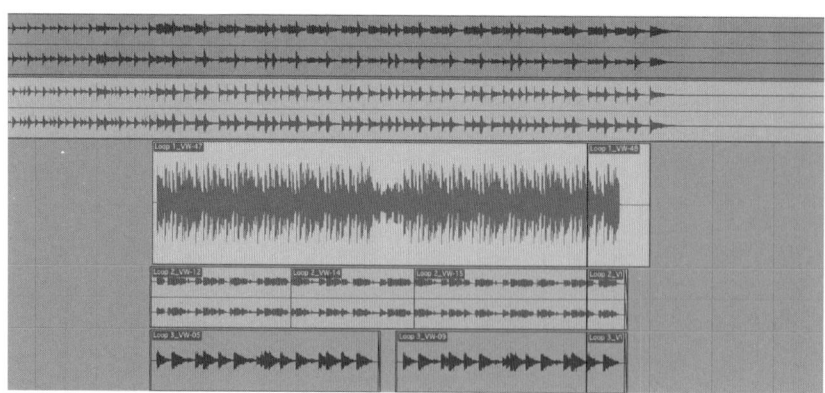

▲画面① 生演奏に加えられたループ素材（下の3トラック）

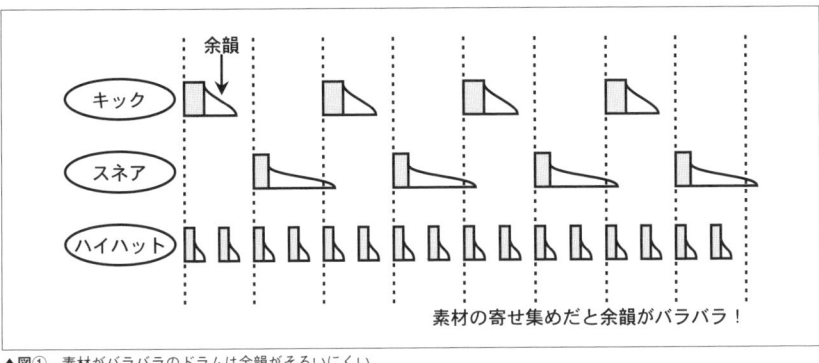

PART 3
トリートメントのノウハウ

```
キック    ←余韻
スネア
ハイハット
```
素材の寄せ集めだと余韻がバラバラ！

▲図① 素材がバラバラのドラムは余韻がそろいにくい

ノリは余韻にあり

時間があれば、ドラムの各パーツ単体の音を使って、ループ素材を自分たちで作るのも面白いと思います。もちろんサンプラーを使っても良いですが、DAW上に1個1個のオーディオを張っていくのも一興ですよ。各オーディオの長さの微調整に際しては、タイム・ストレッチ機能が活躍することでしょう。

ただ、そうやって作ったドラム素材ですが、ループ単体で聴くとかっこ良くても、演奏と合わせると微妙にノリが違ってイマイチという場合が結構あります。その際にチェックしてほしいのは"余韻"です。特に、実際に演奏されたテンポと異なるテンポでドラムのサウンドを使用する場合には、余韻でノリが変わってくるからです。

そこで登場するのが、そう、コンプレッサーです。あるいは、SPL Transient Designerのようなダイナミクス・プロセッサーもオススメですね。こういったプラグイン・エフェクトで、アタックとリリースを調整してください。これだけで、ノリが大きく変わってくるのが分かると思います。

凝り始めると、毎回スタジオで何かをしないといけないような感じになるんですけど、これはこれで面白いと思います。知り合いのミュージシャンさんなどは、リハから何から全部ステレオ・レコーダーに録音しています。それで、ある曲を歪ませてアルバムのオープニングで使ってみるとか、サウンド・コラージュ的なことをしていました。録音もミックスも、自由に楽しみましょう！

参照：ダイナミクス・プロセッサー→P114

63 MIX TECHNIQUE

コピペで繰り返しを作成
簡単に変化も付けられます

バックグラウンド・ボーカルに最適

テンポ管理がされている楽曲であれば、パーツのコピー&ペーストで演奏を繰り返させるのは非常に簡単です。希望の範囲の波形を指定したら、コピーをして、張りたい場所を指定すればOKですからね。

コピペがよく使われる場合として考えられるのは、バックグラウンド・ボーカルです。1番2番3番と同じなのであれば、録音は1番だけにして、2番と3番には1番をコピペする。バックグラウンド・ボーカルに関しては、あえて同じにした方が安定して良い場合もあるので、これはオススメの手法です。周りの演奏なんかはコピペではないので、実際には"コピペ感"はほとんど感じられません。

決まって出てくるオブリガードなども、コピペで張って行くことはよくあります。いろいろ周りが動いている中で、1つコピーがあっても、それで音楽性が下がるということはありません。気にすることは無いと思いますよ。全楽器が1番と2番でコピペでは、さすがに味気ないでしょうけどね(もちろん、それが意図したものなら別ですが)。

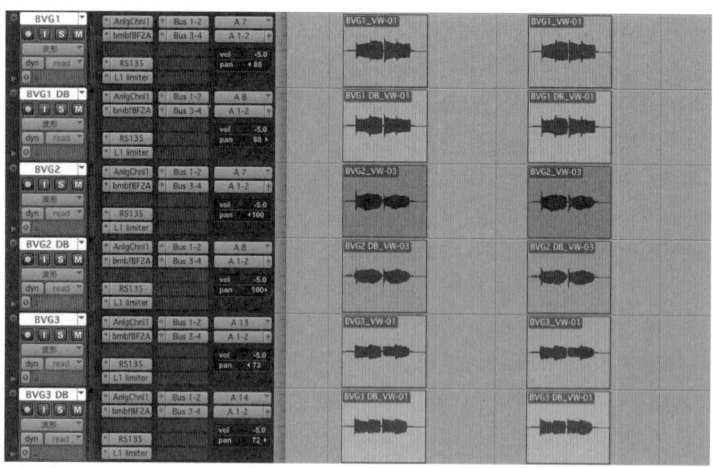

▲画面① バックグラウンド・ボーカルは、コピペで張っていっても、そんなに繰り返し感は感じない

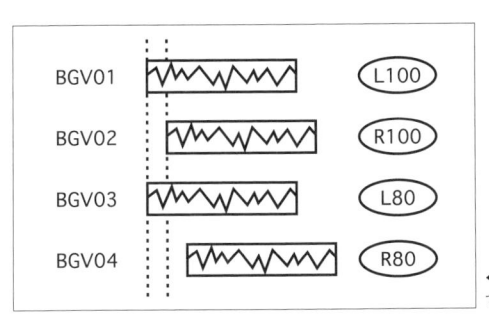

PART 3
トリートメントのノウハウ

```
BGV01  WWWWW      L100
BGV02     WWWWW   R100
BGV03   WWWWW     L80
BGV04      WWWWW  R80
```

◀図① 変化を付けたい場合は、定位や位置を変えてあげる

変化は3回目に

　コピペで繰り返しは良いんだけど、ちょっと変化を付けたい場合もあるでしょう。その場合、アレンジ的なテクニックも絡んできますが、3回繰り返す場合なら3回目に変化を付けるようにします。1回目と2回目は全く同じにしておき、3回目でリスナーが「また出てきたな」と思ったところで、ちょっと変化を付けるのはすごく効果的です。モーツァルトのシンフォニーを聴けば分かると思いますが、同じことを繰り返すことには、何か意味があるんでしょう。だから、無駄なことではないと思います。そして3回目で、変化を付けてあげるわけですね。

　では、どんな変化が考えられるでしょうか。まず簡単なのは、トラックの配置（定位）を変えるということです。それまで①②③④という順番でLからRに流れていたバックグラウンド・ボーカルを、3回目だけは①③②④にしてみるとか。こんな一工夫だけでも、変化が感じられるはずです。

　あるいは、どこかのトラックだけほんの少し前か後にずらしてみるのもオススメです。波形を前後に動かしてみてください。微妙なコーラス感が生じて、また違った印象になるはずです。

　これの応用で、疑似ダブルも作ることができます。例えばボーカルを1本録って、これを2本に聴かせるのは結構難しいものです。でも、2本録ったものをコピーして、その配置を逆にして、さらに位置を前後にずらしてみましょう。これは、立派に4本に聞こえるものです。1本を2本にするのは"やっちゃってるな感"が出てしまうんですけど、2本を3本や4本にするのは、意外と好結果を生むものです（そういう意味では、正確には"疑似カルテット"かもしれません）。ともあれ、ぜひ試してみてください。

参照：バックグラウンド・ボーカル→P016

MIX TECHNIQUE

ファイル・ベースのエフェクト
ファイルを書き換えてしまいます

逆相を使ったミックス・テク

　DAWには、リアルタイムでかけるエフェクトの他に、ファイル・ベースのエフェクトも用意されています。これは、ファイル自体を書き換えてしまうタイプのエフェクトですね。EQやダイナミクス系もあったりしますが、重宝するのはリバース（逆回転）やインバート（逆相）、タイム・ストレッチといった機能でしょう。

　リバースは、レコーディングがテープ・メディアに行われていた時代の逆回転サウンドを作り出すものです。ビートルズが好きなミュージシャンが、何かと使いたがるギミックですね。例えば、イントロにその曲全体のリバースやドラムのリバースをくっ付けると、サイケな雰囲気を醸し出すことができます。曲中でも、ギターのロング・トーンをリバースにして張り付けるとか、そういうことが簡単にできるわけですね。リバーブ成分のリバースだけを張っていくのも、結構面白いですよ。何か変わった雰囲気が欲しい場合には、試してみてください。

　インバートは、位相を反転させる機能です。XLRケーブルは通常3ピンで、1番がアース、2番がホット、3番がコールドというのが基本的な仕様です。しかし、古いマイク・プリアンプの中には3番がホットのものがあったりして、あるソースだけ位相が反転してしまうということは結構あるものです（特にプロ・スタジオでは）。そうすると、どうもその音が前に出てこない。オケの中で、このトラッ

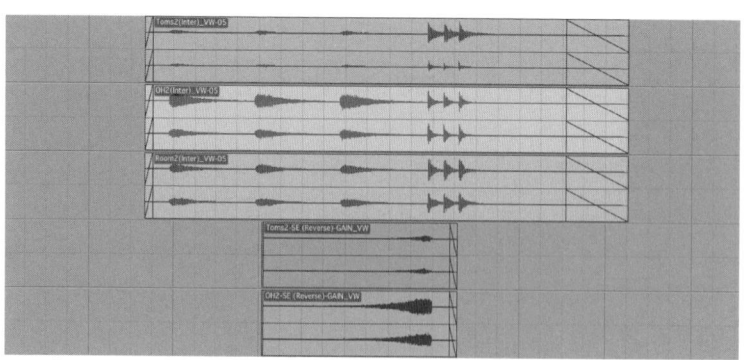

▲画面①　リバースしたサウンドが付いた例。リバースしたサウンドは、波形を見ても一目瞭然！

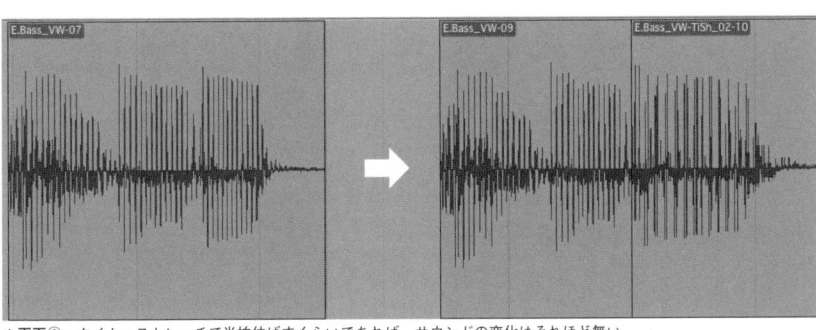

PART 3
トリートメントのノウハウ

▲画面② タイム・ストレッチで半拍伸ばすくらいであれば、サウンドの変化はそれほど無い

クだけおかしいな、と感じられるわけですね。
　そういった場合に位相を反転させれば、そのトラックの音がきちんと前に出てくると思います。ただ、リアルタイム系のプラグインにもインバート・スイッチが結構用意されているので、筆者はそちらを使用する方が多いですね。それとは別に、いまいち混ざりが悪いソースをわざと逆相にしてあげるというミックスの手法もあります。正相のものを、わざわざ逆相にするわけですね。その場合は、ファイルの書き換えを行っても良いでしょう。

タイム・ストレッチは多用に注意

　タイム・ストレッチは、オーディオ・ファイルのピッチはそのままで、テンポ(長さ)を変更する機能です。これは、トリートメントでは結構重宝しますね。
　例えば、本当は2拍伸ばさないといけない音があったとして、それが1拍半しか伸びていない場合。タイム・ストレッチ機能を使い、半拍分の長さを伸ばしてしまうわけです。ソースによっては、あまり伸ばすと質感が激変してしまいます。ですので、使いすぎには注意したいところです。ギターやベースなんかはそれほど変わらないですし、ドラムの余韻を伸ばす場合にも使えると思います。ただ、声は結構難しいかな。まあソフトによって得手不得手もあるので、できればいろんなソフトを試して、どのソフトがどんな素材を得意としているかを把握すると良いですね。
　ちなみに、縮める際にはそんなに音の変化が無いことも付け加えておきましょう。
参照：タイミング修正→P146

ファイル書き出しの作法
下ごしらえ済みのオーディオ・ファイルを作る

ノイズが出ないように注意！

　ファイル書き出しについては何度か簡単に触れていますが、ここで詳しく述べておきましょう。この機能は、複数のオーディオ・ファイルから1つのボーカル・トラックができている場合などに、まとめて1本のオーディオ・ファイルを作る際に利用します。同様に、バラバラのトラックをまとめて2ミックスを作成する際にも、ファイル書き出し機能は利用できます。

　これにより、フェーダー・レベルやプラグイン・エフェクトの設定が反映されたオーディオ・ファイルが作成されます。トリートメント作業で言えば、❶あるトラック内のオーディオ・ファイルのレベルはある程度そろえた状態にして、しかも、❷1本のオーディオ・ファイルにした際にノイズが出ないように配慮する必要があります。ファイル書き出しにより、下ごしらえのできたトラックが完成するのです。

　❶に関して言うと、ミックス画面のフェーダー操作を記憶させるか、エディット画面のレベル調整をすることで、全体のレベルを整えることができます。また、場合によってはノーマライズ機能を使うのも良いでしょう。

　そして❷ですが、オーディオ・ファイルのアタマにはフェード・インを、お尻にはフェード・アウトを書く習慣を身に付けてください。無音からいきなり音が鳴ったり、音が鳴って

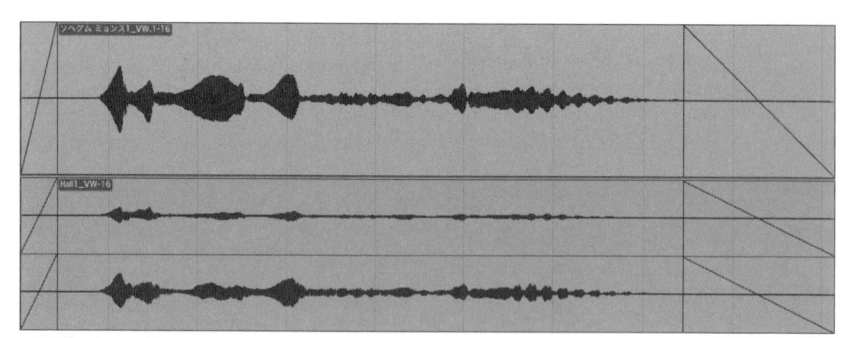

▲画面①　切った波形のアタマとお尻には300msec〜500msec（アタマ）、500msec〜1,000msec（お尻）のフェードを入れます。また、曲の最後は3sec〜5secの長めのフェードを書きましょう。この時点では、余韻を操作しないのが良いです

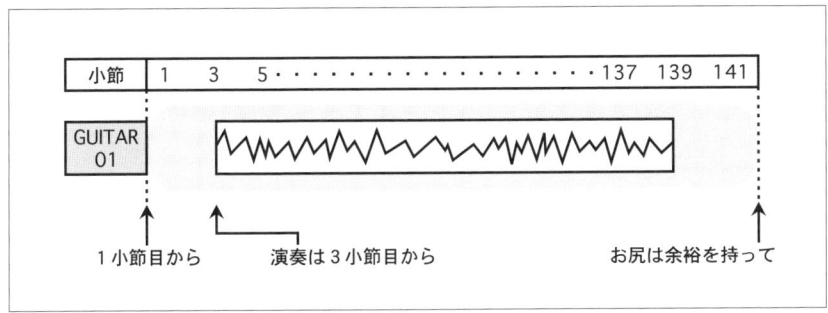

```
小節    1   3   5 ・・・・・・・・・・・・・・・ 137  139  141

GUITAR
01      [波形]

        ↑                ↑                        ↑
      1小節目から    演奏は3小節目から           お尻は余裕を持って
```

▲図① 範囲指定はこんな感じで余裕を持って1小節目から

いるところからいきなり無音になると、「プチッ」というノイズが出ることがあるからです。ただ、DAWソフトには"オートフェード"機能が搭載され、自動でフェードを作成できるものもあります。その場合は、この機能を使っても良いでしょう。

オーディオ・ファイルが重なっているところでも、「プチッ」というノイズは発生します。基本的には両方の波形がゼロポイントになる場所でつなげ、さらにクロスフェードをかけるようにします。なお、DAWソフトによってはオーディオ・ファイルのサイズ変更をする場合に、自動的に振幅がゼロの位置になるように設定できるものもあります（ゼロクロスポイントにスナップ、などと呼ばれています）。手作業でゼロポイントが見つけにくいような場合には、試してください。

範囲の指定について

では、範囲を選択して"ファイル書き出し"コマンドを実行です。その際、"プロジェクトに読み込む"といった設定にすれば、書き出されたファイルが自動的に新たなトラックに読み込まれます。無事にファイル書き出しが終了したら、元のトラックはミュートしましょう。なお、リアルタイムで書き出しをした場合、元の波形に比べて微妙に遅れていることもあります。気になる場合は、波形のアタマがそろうように位置をずらしましょう。

ついでに1つ、曲のサイズについて。曲の先頭部分はどうしても音が欠けるきらいがあるので、多少ブランクを空けてから演奏を入れるようにしましょう。筆者の場合、演奏は3小節目からにすることが多いです。トラックをファイル書き出しする際は、無音の曲アタマから始め、演奏が終わって数小節くらい先までを範囲指定しましょう。この段階では、厳密な範囲指定の必要は無く、むしろ余裕を持った方が良いのです。

参照：テイクのまとめ方→P132、どこに2ミックスを作る？→P198

位相を合わせる

時間差を使ったナチュラルな音質変化

ドラムの位相合わせ

　位相にはさまざまな意味がありますが、ここでは単純に"時間差"と考えて説明をしていきます。例えばドラムのキックを録音する際に、オンマイクとオフマイクの2本のマイクを使ったとします。そうすると、2本のマイクには当然時間差があるので、波形にもその差が現れます。

　実はこのように時間差がある状態を、"位相が合っていない"と呼ぶのです。そこで何が問題になるかと言うと、位相が合っていない波形同士が干渉し合い、音質が損なわれてしまうのです。ある帯域が変に強調されたり（ピーク）、ある帯域が急に落ち込んだり（ディップ）と、正しいサウンドではなくなってしまいます。そこで、位相合わせが必要と

なるのです。要は、サウンドの時間軸を合わせるような作業ですね。

　やり方は簡単です。近い方のマイクの波形に、遠い方のマイクの波形を合わせてあげればOKです。波形の分かりやすい場所を目印にして、後者をずらしてあげましょう。

　同じような考えで、スネアを上下2本のマイクで集音しているような場合にも、位相を合わせてあげると良いでしょう。こだわり始めると、タムのマイクやオーバーヘッドのマイクにもスネアの音が入っているので、そこも統一したくなってくるはずです。ただ、必ずしも全部を統一した方が良いとは言えないので、その辺は聴きながら判断してください。ミックスをしていて、「何かこもっているな」とか「何か抜けてこないな」と思ったら、波形をちょっとずつずらしてみてください。そ

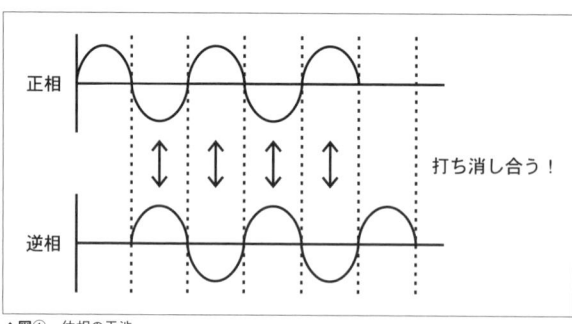

▲図① 位相の干渉

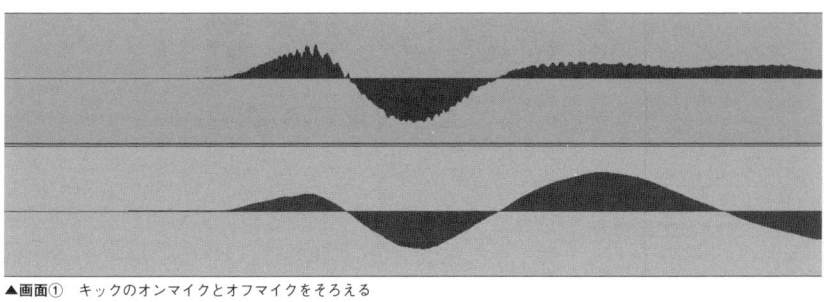

PART 3
トリートメントのノウハウ

▲画面① キックのオンマイクとオフマイクをそろえる

れだけで劇的に音が変わって、曇りが取れてくる場合もありますから。そして、その後でコンプレッサーやSPL Transient Designerのようなダイナミクス・プロセッサーをかけてみる。そういうのが良いと思います。

ライブ録音やエレキベースへの応用

同様な例では、ライブ録音も面白いです。アタマ分け（ステージ分岐）で演奏関係の全部の素材をもらいつつ、オーディエンス・マイクを立てた場合など、両者には時間差が出てしまいます。マイクの方が、ちょっと遅れるんですね。そのマイクの音を少し前にずらすことで、演奏者の場所のタイミングで鳴っている客席の音になります。もちろんジャストにするのも良いですし、少しずつずらしながら変化を聴き取って、かっこ良く聞こえるところに合わせるのもオススメです。アマチュアでアタマ分けが難しい場合は、PA卓の2ミックス（ライン）とオーディエンス・マイクで試すのも面白いと思いますよ。

時間差が生じやすいものとしては、あとはエレキベースでしょうか。アンプを鳴らしたものをマイクで録りつつ、ラインも録っているような場合ですね。これはずれている方が自然なこともあるんですけど、気持ち良く聞こえない場合は位相を合わせてみましょう。

録音した素材は、プラグイン・エフェクトをかける以外でも、こういったトリートメントで音が変化します。しかもエフェクトで変えるのと違い、その変化の仕方は素直でナチュラルと言えるでしょう。なんかイマイチという時は、ぜひ試してほしい手法ですね。

参照：エフェクトに頼らない→P118

MIX TECHNIQUE

タイミング修正
ノリをキープして気持ち良い演奏にしよう

基本はフレーズ単位で

トリートメントでは、楽器のタイミング修正が必要な場合も出てきます。表現力はOKなんだけど、少し早く（または遅く）演奏されてしまったパートがあれば、それを他の楽器に合ったタイミングにずらすわけです。

楽器によって難易度が違いますが、まずは簡単なボーカルから。オーディオ・ファイルを切る場所は、基本的にはブレスの前がオススメです。そこから、フレーズの切れるところまでをひとかたまりとして、前後に移動するようにしましょう。

これでもノリが合わないなら、さらに細かく、ひと声ごとに微調整をしていきます。ただ、あまりに短く切り張りをしていくと、前後がつながらなくなる場合も多いです。なるべくなら、フレーズ単位で修正する程度で収めたいものです。

なお切り張りをした場合は、オーディオ・ファイルの前後にはフェード・イン／アウトを入れます。オーディオ・ファイルが重なる場合は、波形のゼロポイントでクロスするようにして、さらにクロスフェードもかけましょう。クロスフェードの幅は、10msecくらいから始め、うまくつながらない場合は100msecくらいまで広げて聞いてみます。

他の楽器も、基本はフレーズ単位でタイミング修正を行います。ギターは持続音の場合も多く難しいのですが、逆に持続音のところで長いクロスフェードでつないでしまうと良い結果が得られたりもします。

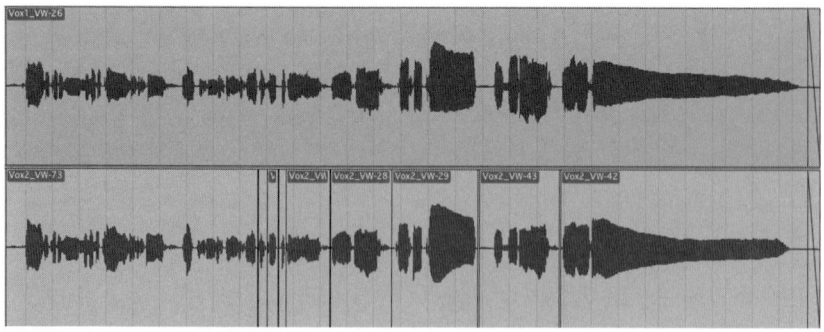

▲画面① ボーカルのタイミング修正の例。ダブルでタイミングが合うようにしている

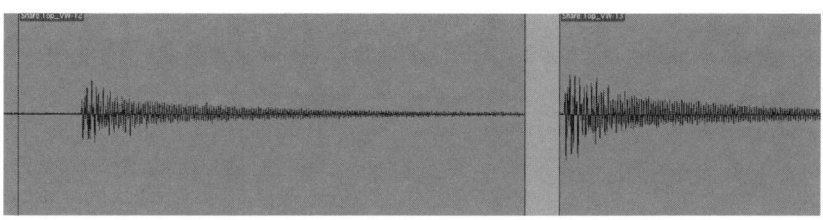

PART 3
トリートメントのノウハウ

▲画面② 波形を動かして無音部分ができてしまった場合、余韻はタイム・ストレッチで伸ばして埋めるか、後のオーディオ・ファイルの再生位置を変更するか、2つの方法がある

ドラムは結構難しい

結構難しいのがドラムです。というのは、ドラムは各パーツの余韻がバラバラなので、小節のアタマやフレーズ単位でつなぐのが逆に不自然なのです。むしろ、音楽的ではない場所(例えば2拍目の裏とか、3拍目の裏)でつなぐ方が、奇麗につながります。

また、ドラムは往々にしてマルチマイクで録音されているので、タイミング修正する場合に作業するトラックの数も多くなります。例えばスネアが一瞬だけずれていたとしても、スネアのトラックだけではなく、スネアがかぶっているキックやオーバーヘッドも修正する必要がある。スネアがもたついたら、キックやオーバーヘッドのトラックもまとめて前にずらすということです。そしてその場合、オーディオ・ファイルのお尻の後が無音になるという問題もあります。1つの解決策は、タイム・ストレッチで余韻を伸ばすというもの(もちろんドラムの全トラックに!)。

それがうまくいかないようなら、後ろのオーディオ・ファイルの再生範囲を、少し前からにしてみましょう。余韻部分がダブりますが、クロスフェードをかければ帳尻が合う場合も多いです。アタック音が入っているとビートが発生してしまいNGですが、余韻であればつなげる可能性が大きいです。ドラムの場合は、大胆な長いクロスフェードでもOKなことがあるので試してください。また、ミックスで他の楽器が入ってくれば、ちょっとした無音部分やつなぎ目のノイズは目立たない場合も。自分の耳で確認しましょう。

それからタイミング修正では、きちんとつなげることも大事ですが、ノリがキープできているかのチェックも忘れずに!

参照:ソース別クロスフェード術→P124

オートメーションの活用
レベルからエフェクトのパラメーターまで!

基本はレベル書き

DAWにおいては、さまざまな制御をオートメーション化できます。アナログ・コンソールを使っていた時はほとんどを手動で行っていて、当然1人ですべてのパラメーターを制御できるはずもなく、バンドのメンバー総動員であっちをいじったりこっちをいじったりしていたものです。当然、失敗は付きものだし、変化の量もテイクごとに違ったりと、楽しくも懐かしい思い出ですね。

DAWにおけるオートメーションで一番よく使われているのは、ボリューム(レベル)でしょう。これは、フェーダー操作を記憶させることや、ボリューム・データを直接編集していくことで、望み通りのボリューム変化が再生時に"毎回"行われるようにするものです。特に多いのが、ボーカルやギター・ソロなどのフレーズ頭を突いてあげることで、これにより、よりはっきりとしたボーカルやギター・ソロをを演出できます。エンジニアによっては、ボーカルの抑揚をレベル書きで

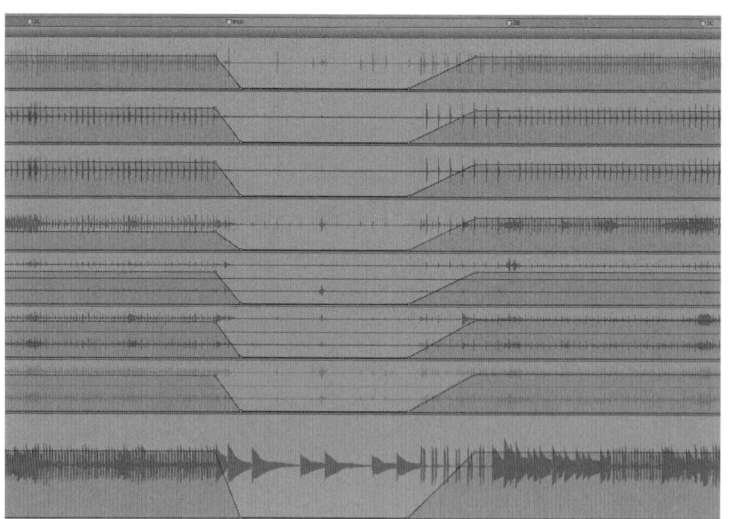

▲画面① レベル書きの例 (アレンジ上の要請で間奏がボーカルとSEだけになるので、かなり派手にレベルを書いています)

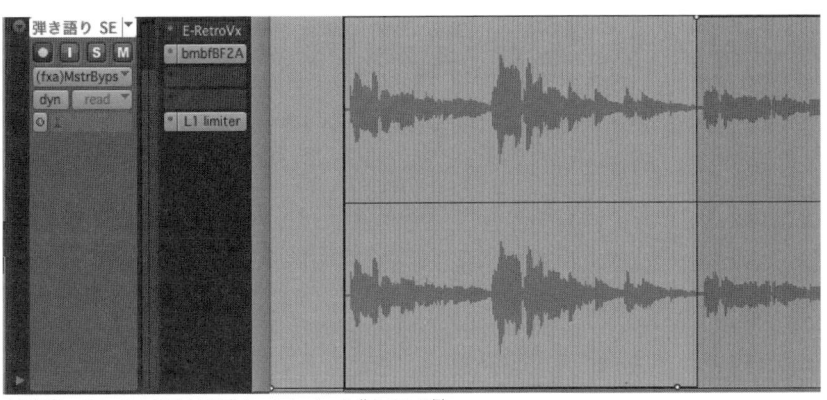

PART 3
トリートメントのノウハウ

▲**画面②** エフェクトのバイパスをオートメーション化している例

フォローしたりもしますが、こういった場合はフィジカル・コントローラーのフェーダーを使うのが良いでしょうね。

同様に、定位もオートメーションを書くことができます。例えばL側60くらいの位置でバッキングをしていたギタリストを、ソロではL側20くらいまで寄せてあげる。そして、ソロが終わったらまたL側60にまで戻す。こういったことも、DAWに記憶させることができます。

バイパス解除はタイミングに注意

あとよく使うのは、曲のある一部だけでエフェクトを使うような場合に、プラグインのバイパス・スイッチのオン／オフを記憶させるという手法です。ANTARES Auto-Tuneを曲中で2～3個所だけ使いたいという場合、キーを設定したらバイパスにしておき、ボーカルのピッチを直したいところでだけオンにするというような感じです。この手法はディレイや飛び道具系のさまざまなエフェクトでも応用可能ですが、気を付けたいのはオン／オフのタイミングです。エフェクトがインサートされたチャンネルで音が鳴っていないタイミングでないと、バイパス解除時にノイズが発生したりするので、要注意ですね。

エフェクトでは、白玉セクションの奥行きを曲中で変化させるためにコンプのレシオやスレッショルドのオートメーションを変化させることもあります。この場合は、アウトの調整も必要ですね。

なお、細かいオートメーションをたくさん書いていくと、当然ですがコンピューターに負担がかかります。ある程度決まったら、ファイル書き出しをしてしまうのが良いでしょう。その際、パンやステレオ・エフェクトの設定を生かすためには、ステレオ・ファイルを作成する必要があります。

参照：ファイル書き出しの作法→P142

プリミックスのススメ
録音しながらミックスしてしまう！

グループごとにまとめる

　録音トラックが多くて困っているような人には、プリミックスという手法がオススメです。これは、レコーディングをしながらミックスも進めてしまうというもので、筆者も若いころはよく試みていました。

　例えばマルチレコーディングをしていて、ドラムを録り終わって次はベースだというような場合。その時点で、ドラムをまとめて2トラックにしてしまうのです。あるいは、スネアとキックで2トラック、アンビエンス系で2トラックなど、4トラックにまとめてしまうのも良いでしょう。4トラックであれば、後で奥行き感を変えるのも楽ですし。

　通常のミックスでは、他のソースの音も聴きながらドラムの音を作っていくわけですが、プリミックスでは全体をイメージしつつどんどんまとめていってしまうことになります。もちろんDAWなので各素材へと後戻りはできますから、本ドラムに近い仮ドラムを作る感覚でも良いですね。

　こんな感じで、バックグラウンド・ボーカルやキーボード類、ギター類というように、グループごとに2トラックの塊をどんどん作っていきます。これはもともとはトラック数に限りがあった時代の手法なのですが、プリミックスを行えば、グループごとのフェーダーの上げ下げだけで最終ミックスを作れたりします。その際、各グループにステレオ・コンプレッサーをインサートすれば、グループごとの奥行きの違いも演出できるでしょう。

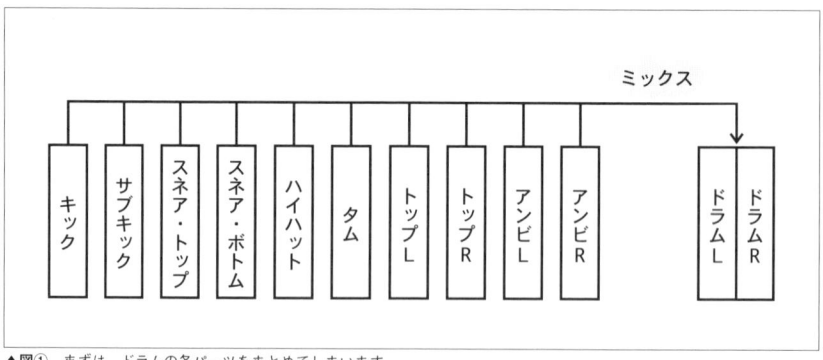

▲図① まずは、ドラムの各パーツをまとめてしまいます

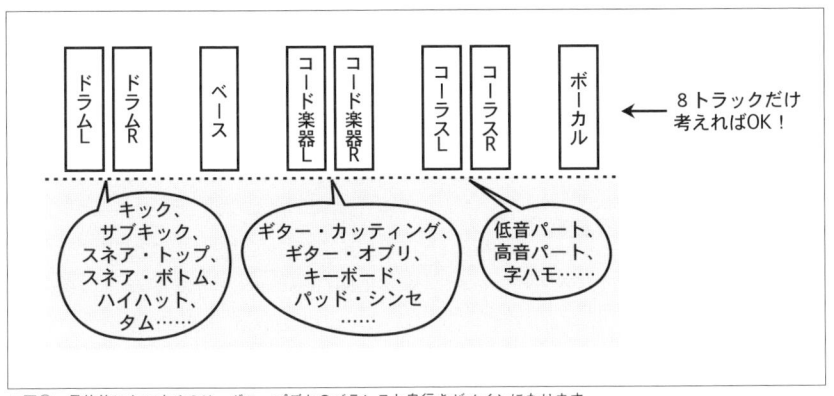

PART 3
トリートメントのノウハウ

```
┌─ドラムL  ─ドラムR  ─ベース  ─コード楽器L  ─コード楽器R  ─コーラスL  ─コーラスR  ─ボーカル  ← 8トラックだけ
                                                                                      考えればOK！
```

- キック、サブキック、スネア・トップ、スネア・ボトム、ハイハット、タム……
- ギター・カッティング、ギター・オブリ、キーボード、パッド・シンセ……
- 低音パート、高音パート、字ハモ……

▲図② 最終的にケアするのは、グループごとのバランスと奥行きがメインになります

仕上がりをイメージしながら作業

　CPUベースのDAWであれば、トラック数の節約という現実的なメリットもありますが、プリミックスには他にもさまざまな利点があります。

　まず大きいのが、完成した2トラックがどんどん積み上がっていくことで、最終的な曲の仕上がりを見通せる中で録音を進められるということです。この場合は、楽器も演奏しやすいですし、歌も歌いやすい。もちろん最初に全体像が頭の中に入っていることが必須条件ですが、そこがクリアできていれば、これは非常に有効な方法だと思います。

　またあまりに録音トラックが多いと、1人の人間の処理能力を超えてしまっている場合もあります。しかしプリミックスされていれば、表に出ているトラック数は減るわけで、全体への目配りもきめ細かくなることが期待されます。このことが作品のクオリティ・アップにつながるのは、簡単に想像できますよね。

　プリミックスでは、あえて"前には戻れない"という縛りの中で作業をするのも良いですね。結構無茶をして、例えばキーボードだったらピアノとオルガンをまとめてしまうとか、冒険をしてみましょう。そこで何か不具合を感じてもUNDOをするのではなく、別の方法でフォローする方向で考える。これは非常に勉強になると思います。また、前に戻れないという縛りが緊張を生み、アナログ時代のような集中力を持って音楽制作に臨むことも可能になるはずです。

参照：ミックスの考え方→P158、全体を見ながら作業しよう→P160

MIX TECHNIQUE

オーディオ・ファイルの管理
早めのリネームで混乱を避けよう！

名前は楽器名＋マイク位置で

　ファイル・ネームの付け方やフォーマットにまで遡って、オーディオ・ファイルの話をここでしておきましょう。もちろんここで紹介するのはあくまで筆者のやり方なので、参考程度に考えてください。

　まずオーディオ・ファイルのフォーマットですが、現在ではWAV形式が基本です。MACユーザーはAIFFの方がなじみがあるでしょうが、外部とのやりとりがある場合は、WAVで作業を進めるのが良いでしょう。

　あとは、各楽器のオーディオ・ファイルの名前の付け方ですね。これは各楽器の略称と、マイクの位置、あるいはマイクの種類などで判別できるようにすると良いでしょう。KICK_ON.wav（キックのオンマイク）、KICK_OFF.wav（キックのオフマイク）、SNARE_TOP.wav（スネアのトップ・マイク）、EGT.wav（エレキギター）などです。

　また、ファイル名が長いとWindowsで読めない場合もあるので、アンビエンス・マイクやボトム・マイクは略す場合も多いです。例えば、AGT_AMB.wav（アコギのアンビ）、SNARE_B.wav（スネアのボトム）という感じですね。バックグラウンド・ボーカルは筆者の場合はBGVとしますが、日本ではコーラスと称することが多く、CHOが定着しています。英語ではコーラスがサビを意味するので、ちょっと違和感がありますが……。

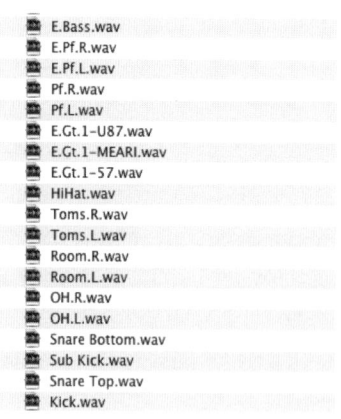

```
E.Bass.wav
E.Pf.R.wav
E.Pf.L.wav
Pf.R.wav
Pf.L.wav
E.Gt.1-U87.wav
E.Gt.1-MEARI.wav
E.Gt.1-57.wav
HiHat.wav
Toms.R.wav
Toms.L.wav
Room.R.wav
Room.L.wav
OH.R.wav
OH.L.wav
Snare Bottom.wav
Sub Kick.wav
Snare Top.wav
Kick.wav
```

◀**画面①**　あるセッションのオーディオ・ファイルです（一部）

```
HiHat.wav
E.Gt.曾我.wav
E.Gt.池田(414).wav
E.Gt.池田(57).wav
E.Bass.wav
E.Gt.池田(414)_VW.wav
E.Gt.曾我_VW.wav
E.Bass_VW.wav
BGV 曾我の池田_VW.wav
BGV 曾我の池田 DB_VW.wav
BGV 曾我の2_VW.wav
BGV 曾我の2 DB_VW.wav
BGV 曾我の_VW.wav
BGV 曾我の DB_VW.wav
BGV 曾我の池田.wav
BGV 曾我の池田 DB.wav
BGV 曾我の2.wav
BGV 曾我の2 DB.wav
BGV 曾我の DB.wav
渋谷センター街雑踏.R.wav
BGV 曾我の.wav
```

◀**画面②** バックグラウンド・ボーカルなどは、漢字を使えると歌い手さんの顔がぱっと浮かんでやる気も出ます

漢字を使えるとうれしい

　ややこしいのが、ダブルで録音した場合です。筆者の場合は、BGV01.wavとBGV01_DB.wavというように、パートのナンバーにDBを加えるようにしています。これをBGV01.wav、BGV02.wav……としてしまうと、パートが多いときに混乱してしまいます。3パート目はダブルにしないとか、そういう場合もありますからね。

　日本語の環境であれば、バックグラウンド・ボーカルに歌い手さんの名前を入れるのも良いでしょう。BGV石井.wavといった感じですね。純邦楽の楽器を収音する場合も、筆者は"尺八.wav"といきたいところです。その方が、イメージがわいてきますからね。ただこの辺は、外部とのやりとりがある場合は注意が必要です。同様に、ドットやスラッシュなど、ファイル名に適さない記号は使わない配慮も必要です（筆者はドットは使うのですが……）。

　パンチ・インを重ねていくと、膨大な数のオーディオ・ファイルが作成されます。多くのDAWソフトでは、そのトラックで録音された順番でファイル名に自動的にナンバリングが施されるはずです。ボーカルだと、VO_01.wav、VO_02.wav……という感じですね。ただこれだと管理が難しくなるので、できれば録音の合間にどんどん名前をリネーム（書き換え）していきましょう。例えばVO_1A.wavとかVO_1B.wavなど。緊急で作ったトラックなども、AUDIO_01.wavとかになってしまうので、早々に楽器名を入れるようにします。これ、翌日になったら結構何がなんだか分からなくなったりしますので、ぜひお早めに。そして、細切れのファイルはなるはやで1本のファイルにしてしまいましょう！

71

MIX TECHNIQUE

とっておきの下ごしらえ
全トラックのファイルをプッシュ・アップ！

ミックスに入る前の儀式

　DAWの場合は、録音したオーディオ・ファイルをそのまま使ってミックスに入れるわけですが、ここで、筆者のとっておきの下ごしらえをご紹介しましょう。

　実は筆者は、ミックスに入る前に各トラックのオーディオ・ファイルをPSP AUDIO Vintage Warmerで1dB～2dB持ち上げるようにしています。BIAS Peak上でファイル・ベースで行っているのですが、これによりダイナミクス自体にはほとんど変化が無いまま、レベルが底上げされるのです。デジタル・レコーディングではクリップを恐れるのでだいたい－8dB～－6dB程度のピークなのですが、それを補正するようなイメージですね。こうやって補正したオーディオ・ファイルをPro Toolsに戻して再生すると、ボリューム設定が同じままでガン！と来ることになります。

　Vintage Warmerのパラメーターはマスタリングと同様にKneeが72前後、Driveが－9～－8というのを基本に、トラックごとに主にトーン周りで微調整を施していきます。具体的には、ベースだとローを－2というちょっとしぼった設定にしたり、ボーカルだとハイを＋1という強調した設定にすることが多いようです。全体の音を想像しながら、各パーツの音作りをするわけですね。とはいえこれはあくまで微調整で、細かく追い込んでいく感じではありません。

　そういう意味では、デジタルで録音した素材を、いったんアナログのテープに入れてからまた戻す……そんなイメージでこの作業を行っているとも言えるでしょう。また、ミックスに臨む前に自らを高めていくための、儀式的な側面もあったりします。

◀画面① PSP AUDIO Vintage Warmerの基本設定はKneeが72前後、Driveが－9～－8

PART 3
トリートメントのノウハウ

▲画面② 波形書き換えの前後。この下ごしらえが、各ソースをいったんアナログ・テープに取り込んだかのように作用します

ファイル書き換えが吉

　ミックス時に、各チャンネルにVintage Warmerをインサートすることでも同様の結果を得ることはできます。ただ、ファイル・ベースで書き換えてしまった方が、後々の作業がやりやすいでしょう。というのも、特にCPUベースで作業をしている場合には使えるプラグインにも限りがありますし、レベルのプッシュ・アップが主目的なので、前に戻る必要はほとんど生じないからです（もちろん、書き換える前のオーディオ・ファイルは残しておきますが）。

　ちなみに、かつて筆者はSTEINBERG Magnetoで同じようなことをしていたのですが、MagnetoがPro Toolsで使えなくなってしまったので、Vintage Warmerに乗り換えたという経緯があります。ですからVintage Warmerにこだわることはなく、アナログ・シミュレート系のプラグインで気に入ったものがあれば、皆さんにもぜひ試してほしいと思います。

参照：ハーモニクス系（倍音系）→P108

COLUMN

汚い音は奇麗な音

　先日、サックス奏者Kさんのレコーディングに呼ばれました。Kさんはとても話が面白く知識も豊富、何より素晴らしいのは後進の指導に熱心なのです。その日もお弟子さんが来ていて、4人でセクションを組んでの録音などもありました。

　筆者は、いつもスタジオできちんと生音を聴くことを心がけていますが、その時、Kさんのサックスの音がそんなに"奇麗"ではないことに気付きました。「長年の経験で分かったのは、わざと汚い音を出すんだ。そうすると録音では他の音にうまく混ざって、最終的には奇麗な音に聴こえるんだ」……お弟子さんにこう説明していたのを聞いてなるほど、と思ったのです。

　僕がミックスの時にやっている、倍音をコントロールするプラグイン（歪み系やサチュレーター、アナログ・シミュレーターなど）を使うのに似ているなあ、と。これらを使ってほんのりドライブさせると、単体で聴くとちょっとキツくても、オケに混ぜると実に良い音に聴こえたりします。EQを使うのとはちょっと違う発想の音作りですが、それと同じことをアコースティックのミュージシャンもやっているわけですね。

PART 4
2ミックスの作成

ここまでさまざまな細かいテクニックを紹介してきましたが、ミックスという作業ではそういったディティールだけではなく、全体を見る姿勢も非常に大切になります。PART1～PART3までの集大成として、ミックスの実際を見ていくことにしましょう。トータルへの視点を、ぜひ養うようにしてください。

MIX
TECHNIQUE
72 > 99

72 MIX TECHNIQUE

ミックスの考え方
ホールでのコンサートが見本！

定位、奥行き、周波数

　音楽制作の作業には、大きく分けてレコーディング、ミキシング、マスタリングの3つがあります。この中でミキシングは、楽曲をまとめ上げる作業として非常に重要で、多くの場合かなりの時間が割かれます。では、実際にミックスをする際には何を考えるべきなのか。そのことを、まずは見ておきましょう。

　まずイメージの部分からですが、筆者の場合はアコースティックな編成の音楽であれば、ステージにある程度の奥行きがあるコンサート・ホールを意識して作業を行います。もちろんレコーディング自体は一発録りでなくても良いのですが、最終的にはそんな雰囲気になるように、定位や奥行きを考えていくわけですね。歌の人がセンターで前の方にいて、その左右の少し後ろに楽器がいて、一番後ろがドラム。曲によっては、さらに後ろに弦セクションがあるという感じです。打ち込み系だと自由にイマジネーションを働かせて独特な空間を作ってもOKですが、アコースティック系はこういう考えで良いでしょう。

　この場合、左右の定位だけではなく、奥行き、さらには周波数の分布にまで気を配る必要があります。定位、奥行き、周波数分布がまんべんなく広がり、隙間が無いのが良いミックスと言えるでしょう。ですから単体の楽器の処理よりも、全体のつながり、有機的な統一感を重視します。

▲図① ミックスはコンサートでの配置を参考に

PART 4
2ミックスの作成

▲図② アーティストの顔を自然に浮かぶのが良い音楽です

音ではなく音楽

　音響的には以上のような説明になりますが、エンジニアは"音"だけを操作するわけではなく、"音楽"を扱っているということも忘れてはいけません。もしあなたがこれからミックスをする際に、「この作品を良い音にしてあげよう！」と思っていたら、それはちょっと違うのではないかと筆者は考えます。そうではなく、「良い音楽にしよう！」と思ってほしいのです。

　もちろん1個1個の音には気を遣いますし、人が聞いたら驚くほど細かな処理も施すわけではあるのですが、それが目的になってはいけません。目的はあくまで、良い音楽を作るところにあるのです。

　音楽を聴いていて一番がっかりするのは、そのアーティストの顔ではなく、誰かがつまみをいじっている姿が目に浮かんでしまう時です。そんな時に、"音楽"ではなく"音"への偏執があらわになっているのでしょう。これでは、エンジニアの趣味の押しつけになってしまいます。ですからミックスをする場合は、トータルでは自分の色を出すのではなく、アーティストさんの色を出す……このことが、逆に自分の色を出すことになるのだと思いましょう。

　自分で録音からミックスまでを行う宅録家の場合は、割と自然にこういうことができるはずです。でも、ソロで各楽器の音を聴いたりしていると、どんどん視野が狭くなってしまいがちです。「木を見て森を見ず」にならないように、常に楽曲の方向性を意識して作業を進めるようにしてください。

参照：音について知る→P066

73 MIX TECHNIQUE

全体を見ながら作業しよう
音楽はアンサンブルなのです

どのソースから手を付ける?

 2ミックスを作る際に、どこから手を付けるかというのは人それぞれです。『サウンド&レコーディング・マガジン』などを読んでも、「最終的に歌が主役だから、歌の置き場所を決めてからほかの楽器を作り込む」という人もいれば、「ドラム、中でもキックから音決めを始める」という人もいます。筆者の場合はオーソドックスにキックから作り始めるのですが、そのため、DAWのミキサー画面もキック、スネア、ハット、タム、トップ……みたいな並びになっています。

 作業的には、まずはキックの音をソロで聴きながら音作りをしていくわけです。でもこの時、ずーっとキックの音だけを聴いているわけではありません。スネアの音を一緒に出してみたり、ドラム全体で聴いてみたり、ベースとのつながりを確認したり、もちろん2ミックスの中で聴いてみたり。そのように、キック単体の音に注視するだけではなく、全体の中でどのように聞こえるかは常にチェックする必要があります。これはキックだけではなく、他のソースでも全く同じことが言えるのです。

 なぜなら音楽というのはアンサンブルなので、ミュージシャンもみんな他の楽器との関係において演奏しているからです。これは演奏だけではなく、アレンジ的にも、音響的にも同じことが言えます。だから、常に全体との関係の中で音を追い込んでいくのが、結果的には完成への早道となるのです。

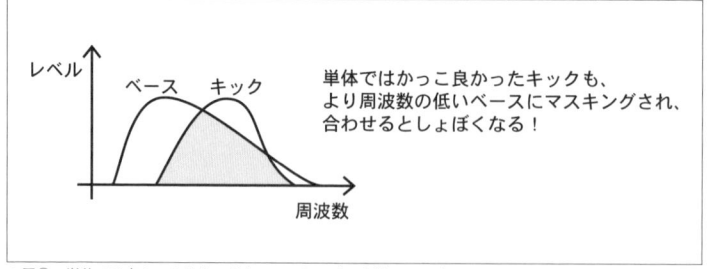

▲図① 単体では良かったサウンドも、マスキングで意外にしょぼくなってしまうものです

PART 4
2ミックスの作成

◀画面①　各チャンネルにはソロ・ボタンが用意されているので、これをうまく利用して音作りをしていきましょう。また、エフェクトのバイパスのオン／オフで原音と比較するのも大事です

マスタリングを見据えたミックス

　そんなわけで、作業中は各トラックのソロ・ボタンを押して単体で聴きながら、一緒に聴きたいソースのトラックはソロ・ボタンで加えて……という感じです。もちろん、2ミックスの中で確認したい場合は、作業しているトラックのソロ・ボタンを解除すればOK。簡単に行き来できるので、面倒がらずにチェックをしていきましょう。

　エフェクトのかかり具合のチェックには、バイパスをオン／オフするのも大事ですね。ソロだとコンプが不要に思えるトラックも、2ミックスに混ぜるとやはりコンプで味付けをしておいた方が厚みが出てきます。そういった確認も、2ミックスを聴きながらバイパスをオン／オフすれば簡単です。

　ここまでは各ソースを全体的に見ようという話でしたが、ミックスの後にマスタリングが控えていることを考え、ミックスではあまり追い込みすぎないということも必要です。最終形までの作業を全体として見てほしいということですね。ミックスの段階では、ピークは−0.3dBで、メーターの振れ幅が6dB〜8dB程度で自然なダイナミクスがある状態にとどめるのが良いと思います。常に0dBに張り付いているようなミックスでは、マスタリングで手の施しようがありませんからね。最終形が100とするなら、ミックスでは90〜95くらいに抑えておくのが肝心です。「じゃあどこが90なんだ？」という声が聞こえてきそうですが、それを知るには信頼できるマスタリング・エンジニアと何枚か継続して作業をするか、自分でマスタリングをしてみるのが良いと思います。それにより、"ここまでやれば完成型がこうなる"という目安が得られるはずですから。

参照：簡易マスタリング→P204

74 MIX TECHNIQUE

DTM作品を生っぽく仕上げる
カギは中低域のガッツ感！

空気感を与える

　なぜ打ち込みの作品は生っぽくないのか。答えは幾つか挙げられますが、普通に考えればマイクで録音していないから空気感が無いというのが最大の原因でしょう。そういった意味で、かつては打ち込みのドラムだけをスピーカーで再生して、再録音するようなことも行われていました。これは今では、アンプ・シミュレーターを使うというより便利な解決策が用意されています。あるいは、バーチャル音源のオルガンがあれば、そのスピーカー部分だけを使用するのも面白いでしょう。

　空気感とはちょっと違いますが、リバーブを活用する方法も考えられます。通常は1曲の中で使うリバーブは2種類程度ですが、ここではあえて3種類かそれ以上のリバーブを試してみましょう。おなじみの、テンポ・ディレイの送りもリバーブへ送ります。これで6種類の響きが出来上がるので、ソースごとに送りの量を細かく調整してみましょう。さらにコンプで奥行きを出すようにすれば立体感も出て、より生っぽくなるはずです。また、MS処理＋コンプで奥行き感を演出するのも良いでしょう。

往年のシステムを真似る

　また生っぽさのイメージには、中低域のガッツ感が結構大きかったりします。特に昔の音源はこの帯域が薄くて、それで軽い音

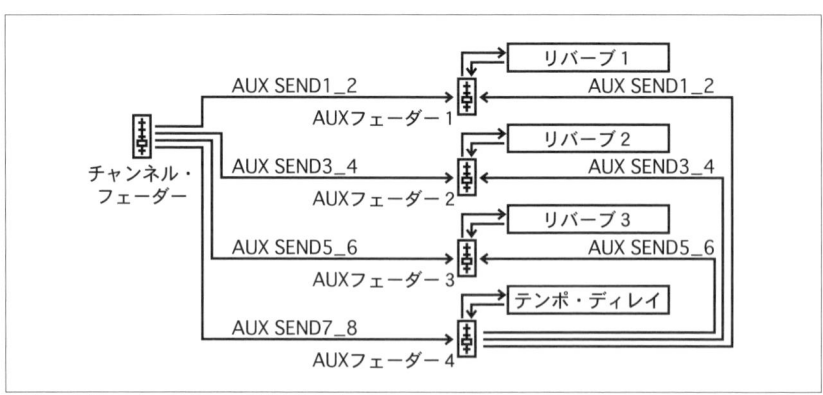

▲図① 3種類のリバーブを使って、複雑な響きを作り出す

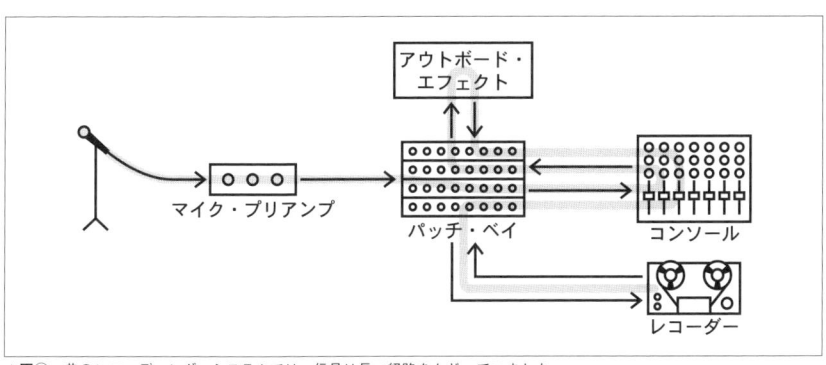

▲図② 昔のレコーディング・システムでは、信号は長い経路をたどっていました

に聞こえてしまうんですね。また、冷たい感じ、いかにもデジタルな感じもしてしまいます。

とはいえ、もともと少ない帯域はEQで補正してもなかなか持ち上がってくれません。こういった場合は、アナログ・シミュレーターを使用してプッシュ・アップすることで、倍音成分を付加していくのが良いでしょう。

筆者の場合は、MCDSP AC1のようなそれ自体ではほとんどサウンドの変化が無いようなシミュレーターを、全チャンネルに挿すというようなこともしています。思えば、DAW以前にはアナログのコンソールがあり、テープ・レコーダーがあり、ハードウェアのエフェクトがあり、音声信号は結構いろいろな経路をたどっていたわけです。音の鮮度が失われるというデメリットはありますが、ああいった昔のシステムがうまく機能していて、良いサウンドを作り上げていたのもまた事実です。そういう意味では、信号経路がシンプルなDAWで、あえてこれをシミュレートするのも面白いでしょう。単体では効果の薄いシミュレートものなどを、いろんなところに挿してみましょう。これによって生じるちょっとした変化や冗長性が、最終的には厚みとなって現れるはずです。

最後に付け加えておきたいのは、実際の生を知ろうということです。ストリングスを入れる場合であれば、その配置（＝定位）を知っておけばよりリアルな表現が可能です。もちろん、バンドのライブやクラシック・コンサートなどを見る体験は無駄にはなりません。筆者の場合は、"遠くから聞こえる音がどういう風に聴こえるものなのか"を、毎年仕事で訪れる八ヶ岳の山中で再確認するのも大事な経験となっています。立体的なミックス、生っぽいサウンドを作るためには、本来の音を知っていることはやはり重要なのです。

参照：テンポ・ディレイ→P078、MS処理→P116、ハーモニクス系（倍音系）→P108、音について知る→P066

75

MIX TECHNIQUE

ウォール・オブ・サウンド
スペクター・サウンドを現代に！

まずはユニゾンで演奏

　ミックスにはさまざまな手法がありますが、そのサウンドにはっきりとした名前が付いているのはウォール・オブ・サウンドくらいしかないのではないでしょうか。プロデューサーのフィル・スペクターが作り出したマジカルな音ですが、今でもミュージシャンには根強い人気があります。ここではDAW時代のウォール・オブ・サウンドを考えてみましょう。

　そもそもウォール・オブ・サウンドは、ドラムやベース、ギターといった楽器を何台も用意して、同じ部屋で同時に演奏した演奏を録音して作られます。各楽器はユニゾンで演奏しているので、非常に分厚いサウンドになるわけですね。なんともアナログというか、人力の極みであのようなサウンドが出来上がっているのです。

　ですのでDAW時代の今でも、まずはユニゾンで演奏したものを録音することから始めましょう。もちろん、大人数で演奏できたらそれに越したことはないですが、実際はドラム2台などはなかなか難しいでしょう。その場合は、同じ演奏を何度も重ねる方向でOKとします。

　DAWの機能を活用しようと思えば、演奏は2回でも結構いけるはずです。バックグラウンド・ボーカルの人数を増やす要領で、コピー・トラックを作成して、再生タイミングを少しずらしたりしてみましょう。

◀ウォール・オブ・サウンドが聴けるフィル・スペクターがプロデュースした作品のオムニバス『Phil Spector's Wall of Sound Retrospective』

PART 4
2ミックスの作成

テイクごとにマイクの指向性を変える

双指向性
無指向性
単一指向性

テイクごとにマイクとの距離を変えてみる

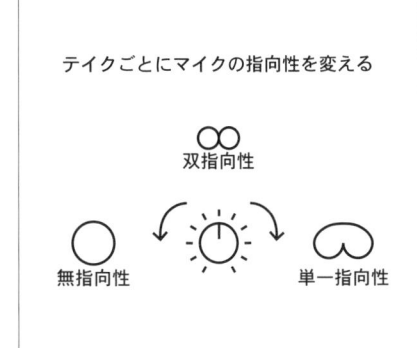

▲図①　ダブリングの際は、録音側でも設定を変えてみると厚みを表現しやすくなります

空間系エフェクトは必須

　ウォール・オブ・サウンドからは少しずれますが、ここで筆者の経験を少し。3人で16声クラスのコーラスを録音したことがあるのですが、うまい歌手だと毎回倍音をコントロールしてくれるので、重ねて出した時に非常に気持ちの良いサウンドになったものです。どんどん広がりが出てくるんですね。このときは、指向性を無段階で切り替えられるマイクで収音していたので、テイクごとに指向性を切り替えるようなことも試してみました。

　その延長線上で、テイクごとにマイクの距離感を変えるのも面白いかもしれないですね。ただダブリングをするのではなく、録音側でも何かを変えることで厚みが表現できるでしょう。アンビエンス・マイクを用意するのも、オススメです。

　素材がそろったら、いよいよミックスです。楽器の定位は、ドラムやベース以外はLRに広げても良いでしょうし、同じ定位や、狭いステレオなど、さまざまなバリエーションが考えられます。もともとスペクターはモノラル信奉者ですから、ここは自由に遊んでしまいましょう。トータル・コンプなどで、全体をがっしり締めるとより雰囲気が出るはずです。もちろん、モノラル・ミックスに挑戦するのも良いですね。

　空間系は、各ソース均一な感じでたっぷりのディレイとリバーブに送りましょう。実はオリジナルのウォール・オブ・サウンドではエコーはあまり使われていないようなのですが（スタジオの音響特性やかぶりの効果らしいですね）、DAWで再現するには空間系が不可欠です。リバーブタイプはアンビエンス系が、ディレイはできればエコーが気分ですね。エフェクト成分はEQ等でハイカットをすると、よりイメージに近くなるかもしれません。

参照：コピペで繰り返しを作成→P138

定位の作法
使える武器はパンだけではない！

ポップスお約束の定位

"ソース別処理方法"で楽器ごとの定位は考察していますが、ここでは2ミックス全体の定位についてあらためて考えてみたいと思います。

本書でも何度か記していますが、基本的にアコースティックものの定位はコンサート・ホールでのライブをイメージして考えていけば良いと思います。ボーカルがセンターで、その後ろにドラムがいて、楽器が左右に配置されているようなイメージですね。ベースはコンサートだと右か左に寄っていますが、そのままだと落ち着かないので、センター定位にします。特にポップスでは、ボーカル、キック、スネア、ベースがセンターというのはお約束と言っても良いでしょう。大事なものがセンターに集まっているので、周波数のバランスや、奥行きでうまく表現をしてあげる必要が出てきます。限られたスペースの中にいかに配置していくかが、ミックスの面白いところなんですね。

左右のバランスも取れていないと、聴いていて気持ちが悪いです。なので、ギターが1本しかない場合はLに振って、逆側にはディレイ成分を聞こえない程度にうっすらと返すようなことをします。これで、反対側が埋まってくれるわけですね。あるいは、ギターとキーボードでバランスを取るとか、ギターとハイハットでバランスを取るとか、さまざまな方法が考えられます。いずれにしても、LかRの片方だけでずっと鳴っている音があったりすると、バランスの悪いミックスということになります。

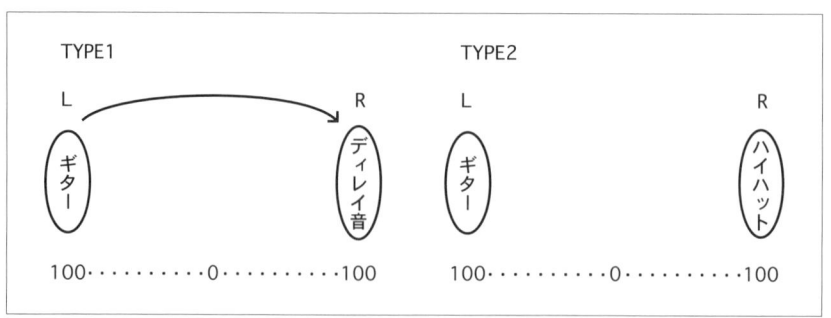

▲図① ディレイ成分を使って、逆側のチャンネルを埋めるのはオススメです

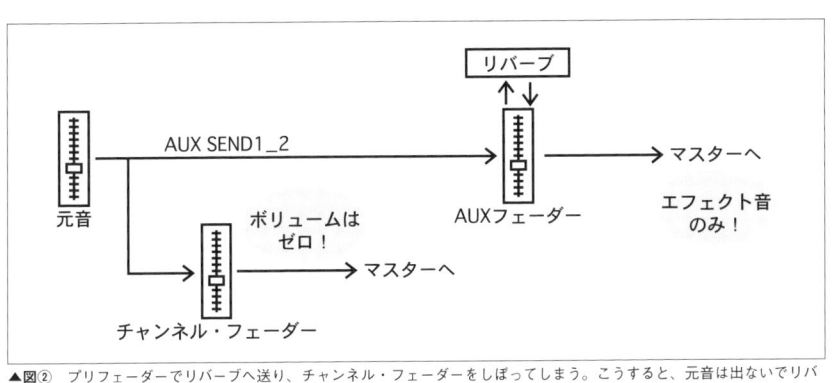

▲図② プリフェーダーでリバーブへ送り、チャンネル・フェーダーをしぼってしまう。こうすると、元音は出ないでリバーブ音だけが聞こえます

LRの間に隙間無く配置

　ステレオ素材で気を付けたいのは、フルでLRに振るだけが能ではないということです。ピアノに顕著ですが、音源のようにフルで広げて、しかも低域から高域が奇麗に配置されているような定位は結構NGだったりします。これは、ドラムのタムでも同じですね。少し狭い幅で広げてあげる方が、実際のサウンドに近いのではないでしょうか？

　アンビエンス・マイクがあると、定位決めも楽しくなります。響き成分なので、アンビエンスは基本的にフルでLRに広げて良いと思いますが、オンマイクとのバランスで聞こえ方がさまざまに変化します。オンマイクの音をきっちり出せば、定位感はそこにフィックスします。しかし、オンマイクの音を少なくするに従い、定位感がぼやけてくるのです。

　定位を曖昧にしたい場合には、この現象を利用すれば良いでしょう。リバーブへの送りを多くして、元音はあまり出さないようにする。これだけで、結構ぼやけた音像になるはずです。リバーブへのAUXセンドをプリフェーダーにすれば、元音はゼロでリバーブ音のみが鳴っているような状況も作り出せます。ちょっと特殊な使い方ではありますが、なじませる際にも使えるテクニックでしょう。

　広がりが欲しい場合は、ステレオ素材なら片チャンネルにショート・ディレイをかけたり、モノラル素材ならモノラル入力／ステレオ出力のコーラスを使うのが良いでしょう。

　定位と言っても、単純にパンで置くだけではなく、このようにさまざまなテクニックを使って全体を構築していくわけです。LRの広がりの間に隙間の無い、良いバランスのミックスを目指してください。

参照：ミックスの考え方→P158

マスター・エフェクト

リミッターを入れるのがオススメ!

昔からコンプは使われてました

　人によっては、小編成のセッションではマスター・フェーダーを作らないこともあるようです。でも筆者は、必ずマスター・フェーダーを作って、そこにリミッター(マキシマイザー)をインサートしています。WAVES L3を使うのが基本ですが、メイク・アップ量は0.2dB程度と微量で、基本的にはクリップ防止という本来のリミッター的な使い方をしています。ここで歪んでしまっては元も子もないわけですから、マスターにリミッターを挟むのは推奨したい手法です。何より安心です。

　マスター・エフェクトとしては、コンプの使用もアナログ時代から行われています。トータル・コンプという呼び方が一般的ですね。音圧稼ぎの一種と考えて良いでしょうが、あまり激しくかけるとオリジナルのダイナミクスが無くなってしまうので、レシオは2:1～3:1程度、ゲイン・リダクションも普段は0dBで、ピークで1dB～2dBというイメージで考えてください。アタック/リリース・タイムはかなり微妙な調整が必要なので、まずはオートタイプのものを選ぶのが無難です。

　トータル・コンプの発展系としては、マルチバンド・コンプレッサーをマスターにインサートするのも良いでしょう。ただしこれも設定が難しいので、まずはプリセットを幾つか試してみるのが良いのではないでしょうか? マスタリングという作業が控えているので、無理にここで音圧を稼ぐ必要はありません。

◀画面① マスター・フェーダーにアサインされたWAVES L3。マキシマイザーというよりは、クリップ防止用です

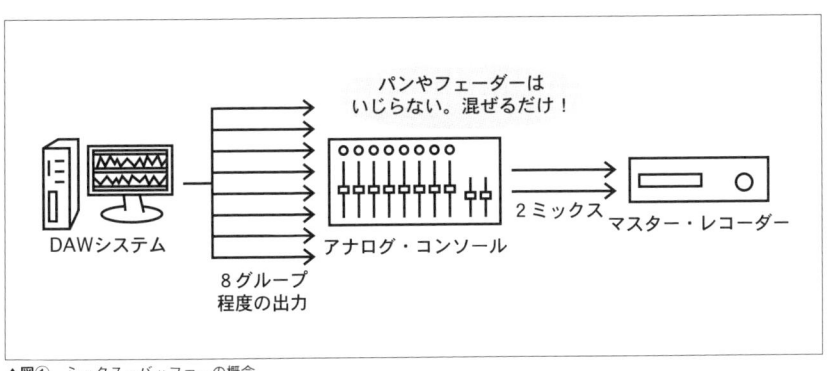

▲図① ミックス・バッファーの概念

外部レコーダーを使うなら

　外部のレコーダーにミックス・ダウンをする際は、レコーダーの前にアウトボードのコンプレッサーを入れれば、マスター・フェーダーにコンプをインサートするのと同じことになります。もちろん、コンプの性能が作品のクオリティを左右するので、ある程度定評のあるモデルを使うのがオススメです。ステレオ・リンクできないモノラルタイプを2台使うなんていうのは、もってのほかですよ。

　同様に、グレードの高いマイク・プリアンプをレコーダーの前に入れるのも良いでしょう。気に入ったキャラクターのマイクプリの質感を、2ミックスに加えることができます。

　ライン・ケーブルや電源ケーブルを高品位なものに変更してみるのも、広い意味ではマスター・エフェクトと言えるかもしれませんね。特に電源ケーブルでは劇的に音が変わるので、ぜひ試してください。

　マイクプリを使うケースの発展系として、ミックス自体をDAWでは行わないで、高品位なアナログ・ミキサーで行うという手法もあります（ミックス・バッファー）。DAW内で音を混ぜていくと、どうしても飽和感があるということで編み出された手法ですね。ドラム、リズムもの、ボーカルなど幾つかのグループにまとめてオーディオ・インターフェースから出力されたサウンドを、アナログ領域で混ぜるわけです。この場合は、各グループのバランスはDAW内のミキサーで取って、アナログ・ミキサーではただ混ぜるだけ。最近はあまり行われていませんが、音圧も上がるし面白いテクニックだと思います。

参照：マルチバンド・コンプレッサー→P096、ハードにもこだわる→P210

マスター・フェーダーのレベル書き
微妙なさじ加減で表現力をアップ

イントロやブレイクを強調

　マスター・フェーダーのレベルというのは、あまりいじらないものと思うかもしれません。実際、アナログ卓では"規定"と呼ばれる0dB付近が一番音質的に有利なので、あまり激しく上下はしないものでした(フェード・イン／アウトは別として)。

　しかしDAWではそういった懸念も無いですし、トータル・コンプのように2ミックスに対してかけるプラグイン・エフェクトの手法も一般化しているので、積極的に使っても良いと思います。

　トラックでのレベル書きとも多少似てきますが、例えばイントロをバン！と出したい場合には、全体を突いてあげる。あるいは、ここぞというブレイク(大サビの前のブレイクなど)でちょっと突いてあげるとか。まあ、間奏で少し下げてとか、そこまで細かいことは不要だとは思いますが。キモとなる部分を数カ所突くとか、そういうやり方はありだと思いますね。

　ただこの場合気を付けないといけないのは、曲のピークがどこにあるかということです。もしイントロを突いたことでそこにピークが来てしまったら、その曲はそこから先は目立たないことも考えられます。

　つまりは、ある部分を目立たせようとしてレベルを上げたことによって、他の部分が割を食ってしまうのでは全く意味が無いという

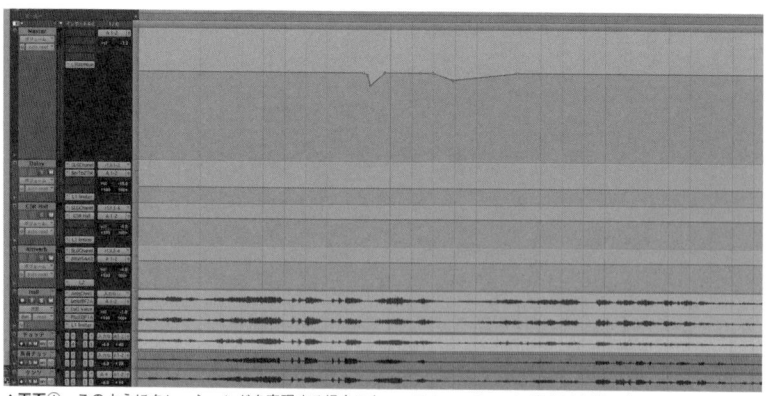

▲画面① このようにクレッシェンドを表現する場合にも、マスターへのレベル書きは有効です

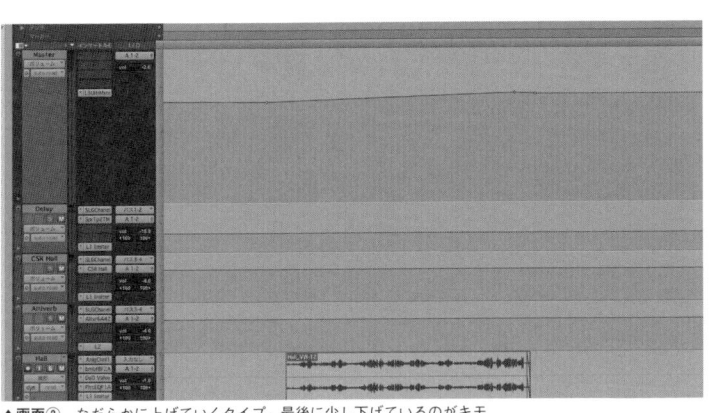

▲画面② なだらかに上げていくタイプ。最後に少し下げているのがキモ

ことです。これでは、まさに逆効果と言えますからね。どこに曲のピークがあるべきかを理解し、それに添った形でマスター・フェーダーを操作しましょう。"やりすぎ注意"ということですね。

2ミックスのレベルということで言えば、アナログ時代にはヒラ歌でレベルを合わせておいて、強調したいところで"ちょっと"フェーダーを上げるというような感じでした。これでも、レコーダーがアナログ・テープだったりすると、気持ちの良い歪みが得られて全くOKだったわけですね。ところが、デジタルではピークのレベルに神経質になる必要があります。デジタルの枠の中で、どこを強調するべきなのか、ミックスではここも意識したいものですね。

なだらかに上げていくのも吉

別の手法としては、イントロは−1dBくら いにしておいて、曲の終わりで0dBになるようにするというのもあります。長い時間をかけて、マスター・フェーダーを上げていくというテクニックですね。

これが有効なのは、打ち込みなんかで結構平坦なトラックが続く場合です。マスター・フェーダーで、少し盛り上がりを作ってあげるような感じでしょうか。PAなんかでも、コンサートの始まりと終わりではマスター・フェーダーの位置が違うそうですから、ちょっと似た感覚かもしれません。

いずれにしても、これは派手な効果を狙ったものではなく、リスナーも言われなければ気付かない程度のかなり微妙なテクニックだということです。何か1ネタ入れたい時、どうも曲が平坦に聞こえるという時に、隠し味として使ってみてください。

参照：音量レベルを書く→P134

MIX TECHNIQUE

葛巻ミックス解剖 1
RUNG HYANG「アンタイトル」

生ピアノへの処理

　RUNG HYANG(ルンヒャン)のミニ・アルバム『INNOCENCE』から、"無題"という曲名の「アンタイトル」を。このアルバムは5曲入りですが、「アンタイトル」だけソヘグム(朝鮮半島の伝統楽器)が入っていて、あとはピアノ弾き語り曲です。また1曲だけエレピを使っています。小さい編成でアルバムなどのまとまった作品を作る場合は、1曲だけフィーチャリング楽器を入れるとか使用楽器を変えると、全体のバランスや流れが良くなります。事前に相談できる場合は、ぜひその辺もアーティストさんと一緒に考えましょう。

　さて、通常生ピアノとソヘグムは同時録音の場合が多いのですが、この曲では別録りにしています。かなり吸音が施されたデッドな部屋だったので、アンビエンス・マイクの音も響きは全然無い状態です。一聴、ただ遠いだけの印象で、ちょっと残念……。この辺は、リバーブで対処することになります。

　ピアノはフタのあたりからステレオ・マイク(RODE NT4)で録りつつ、アンビエンスもステレオです。NT4の場合はLRにフルで広げてもあまり音像が広がらないので、定位は100-100としています。アンビも、いつも通り100-100の定位ですね。両者の音量バランスは、6:4でアンビが少し多めですが、2つで1つという感覚です。アンビがメインでオンマイクで定位を出すという感じではありません。狭い部屋なので、位相合わせも無しで。コンプも、1dB〜2dB程度の軽い感じです。またテンポ・ディレイやリバーブへは、オンは少しだけ、アンビは多めに送っています。

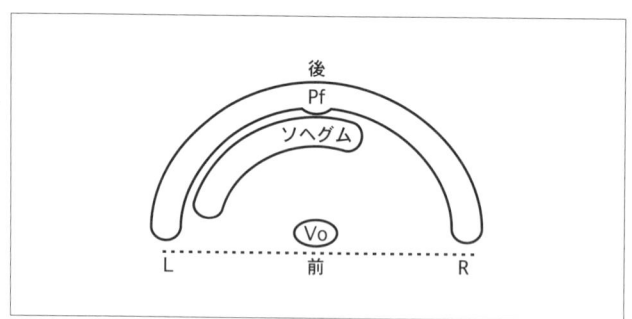

▲図① 「アンタイトル」の定位

『INNOCENCE』
RUNG HYANG

PART 4
2ミックスの作成

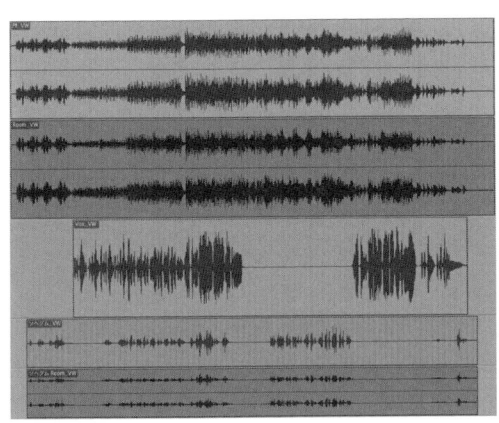

◀画面① 波形で分かるようにダイナミクスのある演奏です

曲のダイナミクスを大切に

ソヘグムはオンを少し左（L30）、アンビエンスを100-88という感じでやや左寄りの定位にして、ボーカルとぶつからないようにしています。深めのテンポ・ディレイで、四分のディレイ音がはっきり聞こえるくらいです。これにより、さらにリバーブも深くかかるわけですね。アルバム内で一番バラード色が強い曲なので、こういった処理をしています。コンプは2dB程度の軽いリダクションで、狭いスタジオ特有のキンキンした感じをカットするためにPULTEC系のEQで5kHzを－3 しています。

ボーカルは筆者のStudio CMpunchで真空管マイクで録音しています。特に変わったことはしておらず、コンプも3dB程度のリダクションで軽めです。レベル書きは、サビで＋0.3dB程度ですから、気持ち程度ですね。録りでマイク・プリアンプのゲイン調整をマニュアルでしているので、この段階ではレベルを書く必要はあまり無いのです。

さて、この曲はA→Bを繰り返してサビになるのですが、そこまで2分ほどあります。要は、ゆっくりと盛り上がっていくわけです。なので、サビ前ではピークが－4dB程度、サビで一気に－0.3dBにまで行くような感じで、ダイナミクスを考える必要があります。生の場合はもともとミュージシャンがそのように演奏するわけですが、コンプなどでこのダイナミクスを損なわないように気を付けましょう。また打ち込みであれば、そういったダイナミクスを演出するようにしたいものです。

参照：定位の作法→P166

🔊 CD TRACK

49 アンタイトル
編集により1番を省略、イントロの後2番につなげています。とにかく、この曲では自然なダイナミクスを感じてください。

葛巻ミックス解剖2
河　明樹(ハ　ミョンス)「パンキル〜夜道」

弦楽器はアンビエンスが大事

　朝鮮半島の伝統楽器、ソヘグム奏者の河明樹君のオリジナル曲です。ソヘグムは中国の二胡と兄弟楽器で、お聴きのように非常に表情豊かなサウンドが特徴となっています。

　この曲はソロのソヘグムとピアノだけという編成ですが、アルバムの中ではデュオや3人での演奏もあったりします。実は公民館のようなところで録音しているのですが、マイキング等の設定は全曲同じにしているので、ミョンス君のソヘグムはやや右寄りに定位しています。アルバムを通して聴くと良い流れなのですが、この曲だけで聴くと少し違和感があるかもしれません。

　ソヘグムは、オンマイクとアンビエンス(ステレオ)で収音しています。アンビは客席で言えば20列目くらいの距離だったので、かなり響いたサウンドです。バイオリンもそうですが、こういった弦楽器はオンマイクではハイがきついものです。また、ノンPAの演奏会のイメージが大きいので、アンビの音が非常に大事になります。ですから、ソヘグムはオンマイクとアンビを半々くらいの割合で出しています。トリートメントとしては、アンビのマイクが遠かったので、位相を合わせています。波形を見ながら、オンマイクに合うようにアンビをずらしたわけですね。

使えるオクターブ下ハモ

　コンプは、オンマイクはBOMB FACTORY LA-2Aでピーク時に1dBのゲイン・リダ

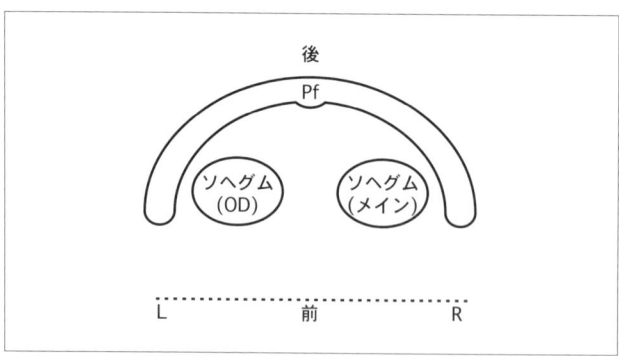

▲図① 「パンキル〜夜道」の定位

『HIBARI』
HA MYONG SU &
YUN HE GYONG

PART 4
2ミックスの作成

◀画面① ピアノ音源に重宝するオンリーワンのプラグイン PSP AUDIO Piano Verb

クションがある程度です。オフは少し深めにかけて、音像が奥に行くようにしています。それでDUY Dad Valveで持ち上げつつ、BOMB FACTORY EQP-1Aで5kHzを−3にしています(オンもアンビも)。さらにオンは60Hzを+2で、高域のきつさをカバーしていますね。定位は、アンビを100-100でLRフルに広げつつ、オンマイクをやや右に置いています。

ピアノは実はエレピなのですが、PSP AUDIO PianoVerbでなるべく生ピアノっぽい雰囲気になるように音色を変化させています。Decayで結構音が変わるのですが、OS Xで使えないのが残念なプラグインですね。またEQは、EQP-1Aで3kHzを+1.5、5kHzを−2.5、60Hzを−2という設定にしています。こういった小編成では、マスタリングで高域と低域がかなり持ち上がるので、それを踏まえた設定です。

空間系の処理は、いつものAUDIO EASE Altiverbの教会に加え、今回はDIGIDESIGN ReVibeでホール・リバーブ(リバーブ・タイムは2.2秒)の設定に。このリバーブは、割と素直で使いやすいという印象ですね。バラード系ということで、ソヘグムもピアノも結構多めに空間系に送っています。

あとこの曲では、3番のアタマだけソヘグムが2本になっています。サビが無いABABの繰り返しという構成なのですが、3回目で変化を付けるわけですね。オクターブ下でハモりを入れているのですが、これが結構奇麗に聞こえるます。3度上にハモるのがうまくいかなかったら、ぜひオクターブ下を試してください。下を支える意味合いもあるので、少し出すだけで良くなりますし、元音と混ざると倍音が発生して厚く聞こえるはずですから。

参照:位相を合わせる→P144

🔊 CD TRACK

50 パンキル〜夜道
ミョンス君の新たなスタートとして、記念すべき楽曲です。結構ハードな録音現場でしたが、そういった経験を共にすることでミュージシャンとの距離も縮まり、良い思い出にもなるものです。

葛巻ミックス解剖3
河 明樹（ハ ミョンス）＆RUNG HYANG「夢のあいだ」

ベース録りはラインでOK

　河 明樹＆RUNG HYANGのアルバムに入る予定の新曲で、アレンジをRUNG HYANGが担当しています。3部構成の大作で、ピアノとソヘグムだけのPART1、そこにドラムとベースが入るPART2（5/8という民族舞踊によくある拍子で始まり、途中から6/8に）、そしてドラムやベースがオブリっぽく入るPART3となっています。

　まず難しかったのは、どう録るかでした。25畳ほどの広さのスタジオで録ったのですが、ブースが無いためにドラムとソヘグムやピアノは同録できません。かといって、クリックだけを頼りにPART2のドラムとベースを録るのも雰囲気が出ない。ということで、PART2のガイド的なピアノとソヘグムを録音し、そこにドラムとベースをオーバーダブ、さらに本チャンのピアノとソヘグムを重ねていく手法を採用しました。

　ドラムは通常のマルチマイクでの収音で、ベースがSUMMIT AUDIO TD100というDIを使って収音しています。ベーシスト所有のTECH21 Sans Ampで軽くドライブされているのですが、さらにTD100で真空管による軽い歪みも加わり、ノンEQでも存在感があり、ラインも見えるベースが録れました。ミックスでは、コンプで軽く粒をそろえつつ、IK MULTIMEDIAのアンプ・シミュレーターAMPEG SVXでアンプらしさや空気感を出しています。さらに、MASSEY Tape Headで軽くドライブ。また、プラグインをかけたことで音がふくらんでいくので、SPL Transient Designerでほんの少し余韻

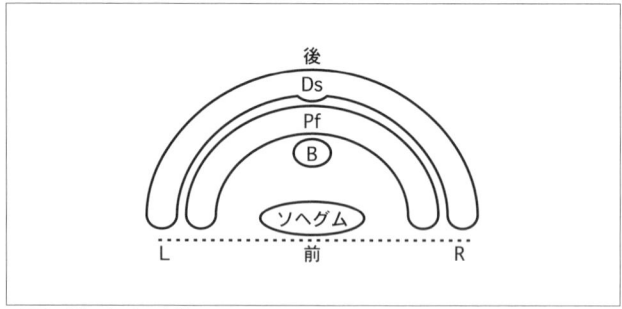

▲図① 「夢の中で」の定位

PART 4
2ミックスの作成

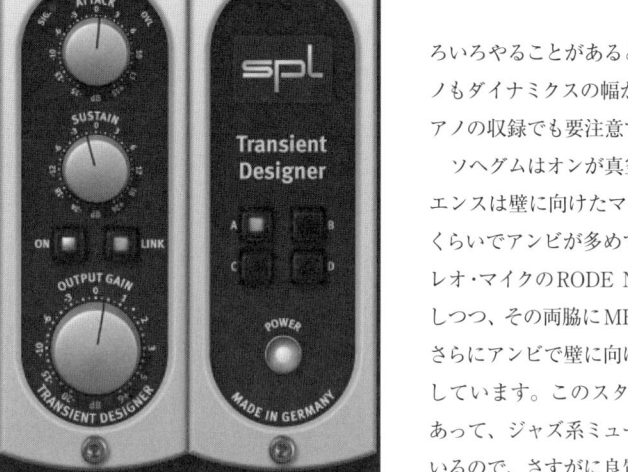

◀**画面①**　ドラムのアンビエンス、タム、ピアノ、ベースと大活躍したTransient Designer

をカットしています。なおミュージシャンはアンプを鳴らしたがりますが、結構ラインでOKなので、このことも確認してください。

録音で注意するダイナミクス

そういえばドラムの録りでは、スネアの音量を少し抑えてもらっています。ドラムのダイナミクスって結局はスネアの音量なのですが、あまりにダイナミクスの幅があり過ぎると、小さい部分が本当に目立たなくなってしまいます。もちろんミックスで底上げはできますが、その場合はノイズも一緒に持ち上がってしまいます。なのでミュージシャンと相談をして、ある程度ダイナミクスを抑えた演奏をリクエストする場合もあるのです。レコーディングの時から、ミックスを考えてい

ろいろやることがあるというわけです。ピアノもダイナミクスの幅が広い楽器なので、ピアノの収録でも要注意ですね。

ソヘグムはオンが真空管マイクで、アンビエンスは壁に向けたマイクを2本用意。6:4くらいでアンビが多めですね。ピアノはステレオ・マイクのRODE NT4をオンのメインにしつつ、その両脇にMEARI 319-A8をセット。さらにアンビで壁に向けたマイクを2本用意しています。このスタジオは響きに定評があって、ジャズ系ミュージシャンも愛用しているので、さすがに良質な響きが得られています。ちなみに定位は、広げてもセンターに聞こえるNT4は100-100で広げ、319-A8は50-50くらい、そしてアンビも100-100ですね。

なおパートごとに録音をしていく場合は、各パートの合体をどのタイミングで行うかという問題も出てきます。各パートのミックスまでをしてから、マスタリングで合体するか、それとも録音が終わった時点で合体させてしまうか。後者の場合は、各パートのオーディオ・ファイルのアタマがそろっていないと苦労したりするので、気を付けましょう！

参照：テイクのまとめ方→P132

🔊 CD TRACK

51　夢のあいだ
3部構成の2つ目の部分を使っています。アンビエンスの響きをコントロールするというのが、最近の筆者の新しい手法です。

葛巻ミックス解剖4
曾我泰久&石井一孝「melodies for you」

友情というテーマを音で表す

 石井一孝と曾我泰久という2人のシンガー/ソングライターの交流により出来上がったミニアルバム『Melodies for you』から、ラストの「melodies for you」というタイトル・ナンバーを見てみましょう。

 もともとこのミニアルバムを作るに当たっては、友情がテーマということもあり、温かい雰囲気をかもすことを考えていました。特に「melodies for you」は最後の曲でもあり、平和な感じでアルバムが終われるように気を付けています。バラードなので、ディレイやリバーブをうまく使い、温かい雰囲気でいけたらいいな、という感じですね。このように、アルバムであればその曲の位置付けを録りやミックスの段階で考えた方が良いでしょう。ちなみに録音／ミックスは筆者のStudio CMpunchで行い、マスタリングまでを筆者が担当しています。

 編成は非常にシンプルで、エレピとアコギがバッキングで、あとは石井さんと曾我さんのボーカルだけとなっています。でも聴いてみると、寂しい感じは少しも無くて、低域も高域もばっちり出ていますね。しかも、オケの薄さが感じられない。その辺に注意していただけたらと思います。

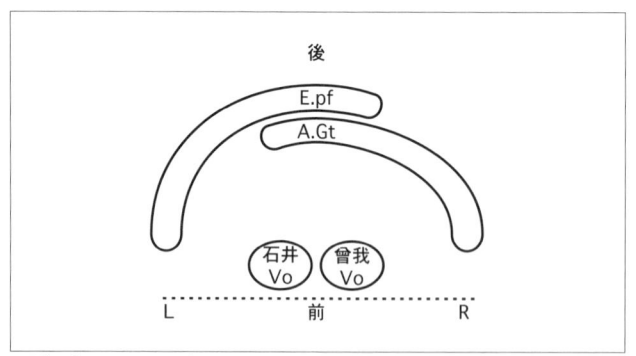

▲図① 「melodies for you」の定位

『Melodies for you』
曾我泰久&石井一孝

PART 4
2ミックスの作成

▲画面① エレピにかけたWAVES Mondo Modulation

空間系は定番セッティング

　プラグインに関しては、ほとんど共通でコンプ→DUY Dad Valve→EQ→リミッターというのを挿しています。シンプルですね。

　で、各ソースを見ていくと、まずエレピはもともとコーラスがかかったサウンドでしたが、プラグインのコーラスでさらに広げています。定位は、100-64というちょっと広めなんだけどL側に寄った感じですね。ディレイ、リバーブへは控えめに送ってR側に返しています。このエレピの低音が、結構出ていて気持ち良いですね。

　アコギはステレオ・マイクで録音していますが、R側に寄せる感じの定位で、狭く広げています。これで、エレピとLRでのバランスを取っているわけですね。コンプはBOMB FACTORY LA-2Aで、アルペジオ部分が1dB、ストロークで3dB程度のゲイン・リダクションがある設定です。ディレイは軽く気持ち程度で、リバーブもごくわずかですね。

　さて大事なボーカルですが、デュエット形式ということで、石井さんが15-0、曾我さんが0-15という感じでお2人をちょっと離しつつもセンターに寄せています。コンプは結構かかっていて、LA-2Aで5dB～8dBのリダクションですね。EQはBOMB FACTORY EQP-1Aで5kHzを+3、100Hzを+1という共通した設定。声の質感は全く違うのに、同じEQポイントで良い感じに混ざっているのが面白いところです。ディレイは気持ち程度、リバーブは普通に送っています。

　ディレイとリバーブの設定ですが、これはおなじみのもの。AUDIO EASE Altiverbで教会（リバーブ・タイムは4秒）、IK MULTI MEDIA Classic Studio Reverbでホール系（同0.8秒）というのを、イーブンにかけています。ディレイはテンポ・ディレイですね。

参照：葛巻流リバーブ使用法→P086

🔊 CD TRACK

| 52 | **melodies for you**
編集により1番のサビから2番のサビにつないでいます。小編成なのに薄くならないオケは、空間系の処理によります。

葛巻ミックス解剖5
曾我泰久「〜15才〜」

キックとスネアがステレオ素材

　曾我泰久のアルバム『music Life 45rpm』から、「〜15才〜」を見てみましょう。曾我さんは自宅にDAWレコーディング環境があるので、オケはほとんど自分で作って、歌とアコギをStudio CMpunchで録るというスタイルです。トラックの内訳は、ドラム、エレキベース、エレキギター(ダブル)、アコギ(ダブル)、ピアノ、ストリングス、ボーカルという編成ですね。

　面白いのがドラム素材で、ソフトサンプラー音源のためかキックやスネアがステレオで、アンビエンス成分も入っています。今回はステレオで使っていますが、モノにしてしまっても良いでしょう。キックは、BOMB FACTORY LA-2Aで毎回2dB程度のリダクションにして、MASSEY Tape Headで少しドライブした後にBOMB FACTORY EQP-1Aで4kHzを少し突いています。また、60Hzを＋1／−2という設定で、すっきりさせつつふくらませる。定位は54-54と狭めです。スネアもコンプやTape Headは同じような設定で、EQは無し、定位は100-100で広げています。あとは、少しリバーブに送って雰囲気を出しています。シンバルはピークで8dBくらいのリダクションで、思い切りコンプ！

各ソースの定位に注目

　ベースはEMI AbbeyRoadのコンプで、かかりっぱなしの設定(レシオは6段階の3番

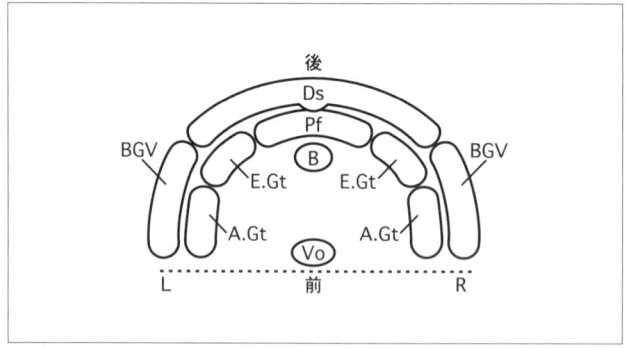

▲図① 「〜15才〜」の定位

『music Life 45rpm』
曾我泰久

PART 4
2ミックスの作成

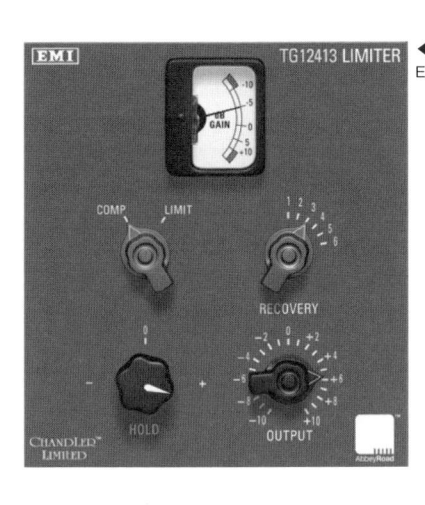

画面① ベースにかけたコンプの
EMI Abbey Road TG 12413 Limiter

目)。キックとは使うコンプを変えることでアタック感がかぶらないようにするのと、曾我さんがビートルズ好きというので、このモデルにしています。EQはEQP-1Aで60Hzを－4という設定ですが、この辺を抜くのは逆に低音を出すためです。高域は4kHzを＋2ですね。

アコギはモノで録っていますが、ダブルを92-93という広がりで振っています。ディレイは、ほんの少しという感じ。一方、エレキのダブルは40-40という広がりです。ピアノ音源は54-66という定位で、もともとリバーブがかかっていたので、ディレイだけをかけています(少し多め)。そしてストリングスですが、これはコンプで思い切りつぶして奥にやっています(定位は100-100)。ディレイも多めで、直接音のリバーブではなく、ディレイ音のリバーブが目立つ感じ。これで、余計奥に行ったように聞こえます。ただ、URS

BLT EQというトーン・コントローラーみたいなEQで、トレブルを＋2.2、ベースを－0.5としています。きついところを強調した方が、後ろから来るのでちょうど良かったりします。なお定位を決める時は、きっちりした数字だと他の楽器とぶつかる場合も出てくるので、筆者の場合は端数の付いた数字にしています。

ボーカルは、曾我さんがコンプ好きなので、下ごしらえでPSP AUDIO Vintage Warmerで強めにレベルをそろえた後、EMIコンプで5dBほどリダクション。結構かかっている分、DUY Dad ValveとWAVES L1で持ち上げます。EQは前項とほぼ同様の設定です。

実はこの曲、パイロットへのオマージュなのですが、そこが分からないとエンジニアも作業をスタートできません。エレキのハモとアコギのジャカジャカ感をきちんと出すことでそれっぽさを演出しつつ、そこに曾我さんのボーカルが入ることで曾我ワールドになる。そういうイメージで作業をしました。

参照：葛巻流イコライザー活用術→P104

🔊 CD TRACK

53 ～15才～
1番の間奏から始めて2番サビ後のブリッジ、そしてギター・ソロまでを収録。筆者も大好きなパイロットへのオマージュ的な楽曲です。空間系はいつものテンポ・ディレイ＋リバーブですが、テンポの良い曲なので、ボーカルには抑えめです。

葛巻ミックス解剖6
THE APOLLO BOYZ「砂とダイアモンド」

歪みボーカルのお手本！

　舞台『アポロ・ボーイズ』をきっかけに結成されたバンドTHE APOLLO BOYZの、「砂とダイアモンド」を見ていきます。

　THE APOLLO BOYZは5人のメンバー全員が歌うことができるし、舞台で活躍しているだけに芸達者なところに大きな特徴があるバンドです。思春期のノリでパンクっぽいロックをやろうというコンセプトで、レコーディングは結構ラフな感じでやっています。筆者は1枚目のマスタリングを担当した後、2枚目以降ではレコーディングにも参加しています。

　まずこの曲のポイントは、メイン・ボーカルの曾我泰久の声が歪んでいるところ(！)。曾我さんのファンには怒られそうですが、これはもちろん狙いで、本人も楽しんで歌っています。コピー・トラックにBOMB FACTORY Sans Ampをインサートして、クランチという高域用歪みのつまみを8まで上げています。さらにSans AmpのEQでローをカットしつつ、ハイをブースト。実はSans Ampの前にはコンプが入っていて、6dB～8dBのリダクションというがっつり系でかけています。そのため、最後にはマキシマイザーで思い切り持ち上げています。

　一方のオリジナル・トラックは、コンプ2段がけ。最初がBOMB FACTORY LA-2Aで10dB以上の強力リダクション。さらに、EMI Abbery Roadシミュレーターでも深めでかけています。音量レベルは8：2で歪み系が大きいのですが、芯の部分をオリジナル・トラックで出しています。

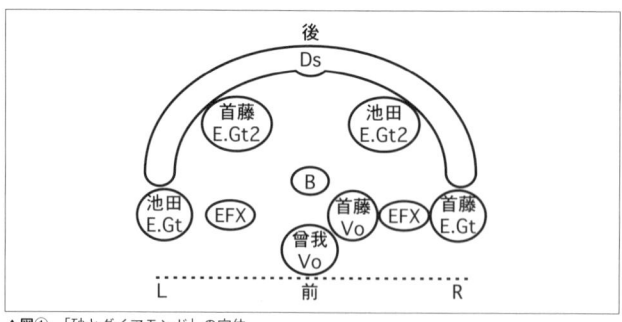

▲図① 「砂とダイアモンド」の定位

『アポロ・ボーイズ2号』
THE APOLLO BOYZ

PART 4
2ミックスの作成

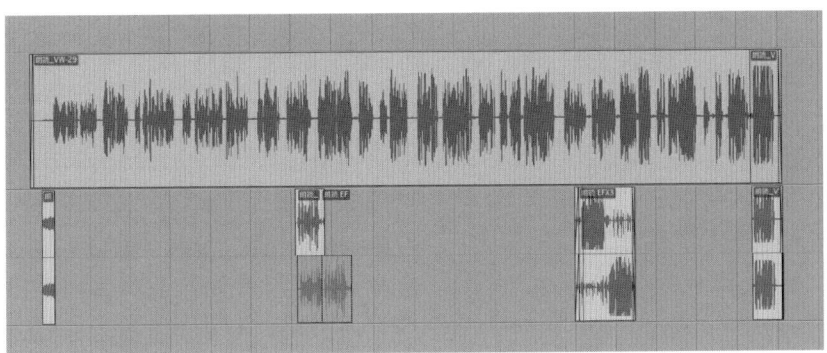

▲画面① 間奏の朗読部分の波形。上がオリジナル・トラックで、下にエフェクト用のトラックを用意して、遊んでいます

間奏部分の朗読は要注目

あとは、間奏部分に入る朗読も筆者にしては珍しくエフェクティブなことをしているので見ておきましょう。基本の朗読は1トラック（モノラル）なのですが、そこに波形のコピーでエフェクト用のトラック（ステレオ）を作成しています。

最初のギミックは、リバース＆タイム・ストレッチした素材を朗読のアタマに付けるというもの。次に、NOMAD FACTORY Retro-Voxでローファイにした素材を、元の朗読の2小節後に配しています。このローファイ素材は、LからRへのパンもオートメーションで書いていますね。3個めは、オーラス前。Retro-Voxでスクラッチ・ノイズを付けた素材（ファイル書き換え）を、元の朗読の前後に置いています。さらに、チャンネル・インサートしたRetro-Voxでローファイ化もしていますね。エフェクト素材→生→エフェクト素材という順番で聞こえるので、面白いです。そ

して最後は、Retro-Voxをかけた素材2つと元の朗読を、狭い定位（25-0-25）でほぼ同時に出す。これで、モジュレーション的な効果が生まれています。元の朗読自体コンプで結構つぶした後にMASSEY Tape Headでドライブ9とかなり歪ませていますが、エフェクト素材との絡みでさらに広がった表現ができていると思います。

あとは間奏部分ではドラムのマイクがタムとトップとアンビエンスしか生きてなかったり、シンバルのリバースを張っていたりと、ラフな感じを目指している割には、ダビング／編集に凝っています。この辺はミュージシャンの志向によるのですが、やはり一緒に作っていくのは楽しいものです。

参照：変わったボーカル処理→P014

🔊 CD TRACK

| 54 | **砂とダイアモンド**
2番から始めて2番後の朗読部分までを収録。シュッっていうのは、あの有名曲への目配せですかね。朗読部分はかなり遊んでいるので、楽しんで聴いてください。 |

葛巻ミックス解剖7
青木カレン「Take My Heart」

ダークな洋楽のイメージ

　青木カレンの『SHINING』から、「Take My Heart」です。カレンさんはクラブ・ジャズ系のボーカリストですが、この曲は打ち込み色が無く、Shima & ShikouDUOとのコラボ作品となっています。編成はドラム、ウッドベース、ピアノ、トランペット（＋フリューゲルホルン、バルブトロンボーン）とジャズ的ですが、ロックっぽい仕上がりをリクエストされました。筆者は、ミックス作業からの参加です。ただしミックスを担当することが分かっていたので、録音ではアンビエンス・マイクを立ててほしいとお願いしておきました。

　キックとスネアは、定番のマイクが2本ずつ。キックはコンプを浅めにかける程度で、EQはしていません。音量もあまり出す感じではないですね。一方スネアは上7：下3くらいの割合で出し、共通してBOMB FACTORY EQP-1Aで4kHzを＋2、10kHzを－1.5としています。また、下のマイクは60Hzを＋1／－1という設定ですっきりさせています。いろいろなたたき方をしているので、それを考えてコンプではつぶさず、タムやトップにかぶる音とのバランスで聴かせる方向です。

　アンビは遠くない位置だったので、位相合わせは行わず、コンプは4dBくらいのリダクション、DUY Dad Valveで少しふくらませ、EQP-1Aで4kHzを＋1して60Hzを－2という感じ。アンビは、ローをカットした方がこもらないで良いですね。タムとトップとアンビはちょっとずつリバーブに送り、広がりを出しています。カレンさんが好きな、ダークな洋楽のイメージですね。

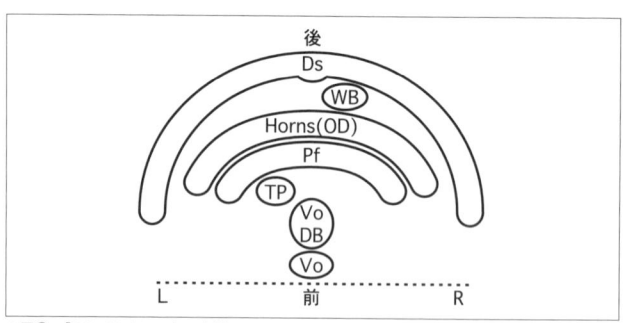

▲図① 「Take My Heart」の定位

『SHINING』青木カレン

PART 4
2ミックスの作成

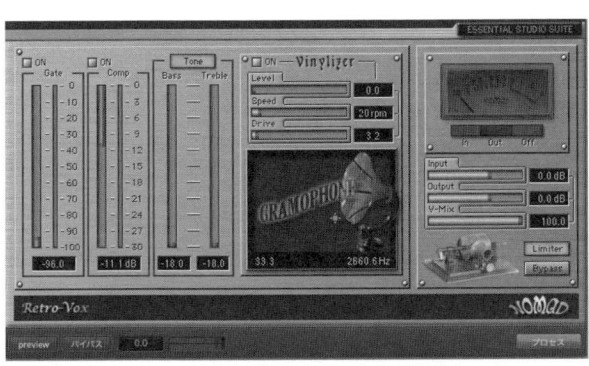

▲画面① ボーカルのフェイク部分で使用したNOMAD FACTORY Retro-Vox

意外にボーカルを汚している

　ピアノはオンマイクとオフマイクがあったので、オフを8割〜9割と多めに出しています（ノンEQ）。オンだけだと、どうしても硬くなってしまうんですね。このオンは、コンプで6dBほどリダクションして小さく出しています。ウッドベースは5.5:4.5くらいで、マイクが少し多めの分量です。位相は合わせていませんが、2つで1つの音になっていると思います。コンプはラインがきつめで、マイクはかなり浅めです。

　ボーカルは基本的にはEQP-1Aで8kHzを＋2、100Hzをカット3、コンプが6dB程度のリダクションという感じですが、アタマの導入部を汚したいということで、MASSEY Tape Headのドライブをそこだけ少し突いています。また、フェイク部分ではNOMAD FACTORY Retro-Voxでローファイにもしています。コンプも付いているし、トーン・コントロールが簡単にできるのでボーカルに重宝するプラグインです。また、ブリッジ部分はボーカル・ダブルになっていて、完全にセンターで両方出しています。ここは、ディレイへの送りも多くなっていますね。

　今回はコラボということで、ボーカルとトランペットの配分が大事です。トランペットが出てくると少し歌のボリュームを下げたりして、バランスを取っています。トランペットのソロでは、Tape Headでドライブを強調したりもしていますね。コンプで6dBほどつぶして、ディレイも多めに送っています。

　全体的にはアコースティックなイメージの中に、歪みで遊びを入れている感じですね。
参照：変わったボーカル処理→P014

🔊 CD TRACK

| 55 | **Take My Heart**
編集により1番を省略、イントロの後2番につなげています。ジャズ的な編成ながら、カレンさんのリクエストでややロック的な仕上がりです。激しさはアルバムの他の収録曲に任せ、アコースティックの良さを生かしてもいます。

185

葛巻ミックス解剖8
石井一孝「雨のワルツ」

ライブのイメージで

　石井一孝『同じ傘の下で』から、「雨のワルツ」というバラードです。もともと石井さんはAORが好きでちょっと大人っぽいイメージなのですが、今回のアルバムはロック色を出したいということで、プロデューサーに是方博邦さんを迎えて制作されました。筆者は、録音からマスタリングまでを担当しています。

　ピアノがメインのシンプルなバラードで、ギターも基本的には1本です。ですから、"ライブではこんな感じだろう"というのをイメージして作業を行っています。

　アレンジ的に面白いのは、キメの部分です。ダイナミクス的にもここが一番強く出ていて、ほかのところがちょっと抑えめとなっています。また、ピアノに加え低音のストリングス、ピチカート、グロッケンなどが加わって、石井さんのミュージカル・スターというイメージをうまく演出していますね。普段はウォーキングのベースもここだけオクターブのスライドが入るなど、ミュージシャン的にもおいしいところなので、それぞれがちゃんと聞こえるように配慮しています。この辺は、ボリュームで突いても良いのでしょうが、筆者は奥行きを表現することでそれぞれがぶつからないまま主張できる方向で処理しています。

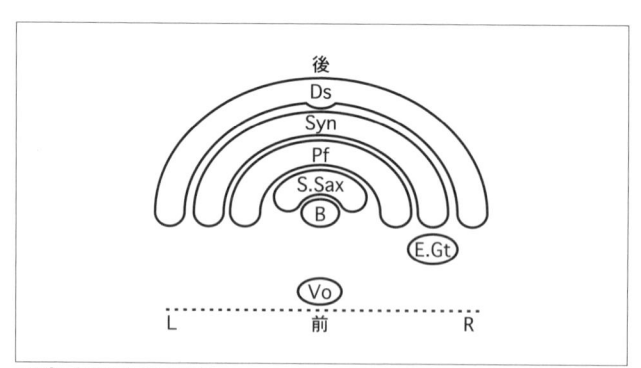

▲図①　「雨のワルツ」の定位

『同じ傘の下で』
石井一孝

PART 4
2ミックスの作成

▶画面① ボーカルにかけたWAVES V Comp
は2段がけの2個目で愛用しています

V Compでザラっと感を付加

　ソプラノ・サックスは、スティングのソロで聴くことができるブランフォード・マルサリスの深い感じが良いと思ってイメージしています。録音自体はオンマイクとオフマイクを使っているのですが、かなり吸音がきっちりしたデッドな部屋で収音したので、テンポ・ディレイとリバーブにはかなり多めに送っています。ディレイとリバーブの設定は筆者のいつも通りのものです。

　是方さんのギターは、アンプ直近のオンマイク(SHURE SM57)、2mくらいからのハコ鳴り用(MEARI 319-A8)、そして壁に向けたアンビエンス(NEUMANN U87)という3本で収音。オンだけの音だとやはりきつく、ちょっとこもってはいるのですが、オフの2本を足すことでオケとの混ざりも良くなります。

　ギターへのコンプはオンが2dB、オフの2本が4dBくらいのリダクションです。EQは BOMB FACTORY EQP-1Aでオンの2.7kHzだけを+1しています。オフの2本はノンEQですが、MASSEY Tape Headで熱さを加えていますね。またアンビはモノだったのですが、WAVES Spreadで広げています。定位はオンが右69(ロック!)、オフはその分左に振ってバランスを取る感じです。ただしディレイにも送っているので、微妙にLR間でいろいろなギター音が流れているわけですね。

　ボーカルはコンプ2段がけですが、2個目のWAVES V Compでふくらみを付加しています。V Compのザラっとした感じが、こういう曲にはぴったりなんですよね。EQはWAVESのPULTECシミュレーターで5kHzを+3と100Hzを+1するくらい、そして最後にWAVES L1で6dB持ち上げています。ディレイへの送りは、最後のフェイク部分だけ少し多めにしています。

参照:葛巻流リバーブ使用法→P086

◀)) CD TRACK

| 56 | 雨のワルツ
1番が終わった後の間奏から始めてサックス・ソロまで収録。シンプルなピアノ・バラードの中で入る、一瞬のキメがおいしいですね。単旋律だけど厚みのあるパッドも聞き逃さずに。パッドを和音で入れると無駄に厚くなったりするので、参考にしてください。

MIX TECHNIQUE

葛巻ミックス解剖9
石井一孝「Happy Birthday」

61トラックの内訳

　アルバム『同じ傘の下で』から、「Happy Birthday」を見ていきます。この曲は、録りの段階から「ハッピーな雰囲気でいこう！」と石井さんが強調していたのを覚えています。

　バンド編成はドラム、ベース、ギター、キーボードと標準的ですが、バックグラウンド・ボーカルが9種類、さらにそれぞれダブルなので18トラックを使っています。またパーカッションを6個重ねていて、各テイクにトップのステレオとアンビエンスのステレオがあるので、24トラックをパーカッションで使っている計算です。これで、計61トラックとやや多いトラック数となっています。

　まずパーカションですが、ドラム録りのようにトップにステレオを用意して全体を収音。また、同じくステレオのアンビエンスには深いコンプをかけて、空気感をさらに演出しています。

　ギターは1本ですが、ブリッジのニューオリンズ風の部分だけ別トラックに。ここだけ定位も逆にして、ほかの部分とは差別化を図っています（これはアーティストさんの意向によります。プラグイン類の処理は共通となっています）。

　ピアノはYAMAHA Motifのライン録りで、薄くクラビネットやアコーディオンの音も入っていますね。ピアノはほとんど音色加工はしていませんが、MASSEY Tape Headで軽くドライブしつつ、コンプで2dB程度のリダクション……軽くそろえる感じですね。

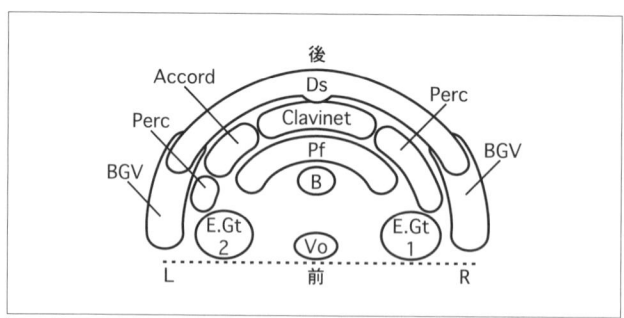

▲図① 「Happy Birthday」の定位

『同じ傘の下で』
石井一孝

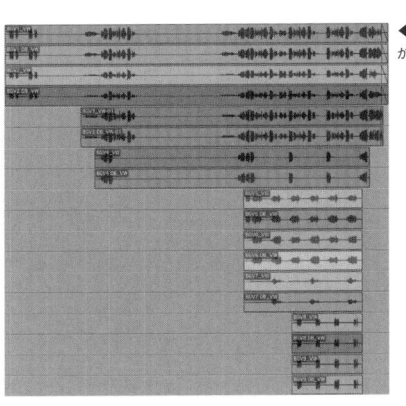

◀画面① バックグラウンド・ボーカルがだんだん加わっていく様子

ミックスでは90%に抑える

　バックグラウンド・ボーカルが結構面白くて、この曲では3人の歌い手さんが一緒に歌っているのを、1本のマイクで収音しています。そして、各テイクは必ずダブルになっています。もともとのアイディアがクイーンの「バイシクル・レース」なので、かなり厚い感じですね。しかも、曲の終わりに向けてどんどんバックグラウンド・ボーカルが増えていくという構成です。プラグインは共通でMCDSP AC1、コンプ、EMIのEQ、マキシマイザーです。このEQは8kHzの調整に特化しているのですが、これを+2とか+4という感じで、テイクに応じて変えています。テンポ・ディレイやリバーブにも送っているので、かなり厚みが出ているはずです。

　録音は3人が半円形に並んでいたのですが、並び方や距離、そして歌い方（倍音の出し方）を歌い手さんがうまく調整してくれたので、良い感じの厚みが出ています。定位は、100-100とフルで広げたものから、88-88、72-72、41-41と徐々に内側に並べています。ただし、一部のコーラスは右から聞こえるようにしてありますね。

　バンド編成でさらにこれだけバックグラウンド・ボーカルがあるとメイン・ボーカルが埋もれそうなものですが、石井さんの声は押し出しが強いので特に苦労はしませんでした。しかし、BOMB FACTORY LA-2AとWAVES V Compの2段がけ、そしてPULTECシミュレーターのEQで5kHzをプッシュというのは、行っています。現状の2ミックスでは若干ボーカルが引っ込んで聞こえるかもしれませんが、これはマスタリングでがつんと上げるのを見据えての結果です。90%くらいの到達点ですね。

参照：全体を見ながら作業しよう→P160

🔊 CD TRACK

| 57 | **Happy Birthday**
編集により1番を省略、イントロの後2番につなげています。メイン・ボーカルとバックグラウンド・ボーカルの対比が、聞きどころでしょうか。まさにハッピーな1曲です。

葛巻ミックス解剖10
石井一孝「No Rain, No Rainbow」

ベース本来の低音を聞かせる

"雨が降らなければ虹もかからない"……含蓄のある題の石井さんの曲です。6/8拍子のロック・バラードで、洋楽に多い形式ですね。

バックの編成はドラム、ベース、ギター、キーボードにバックグラウンド・ボーカルで、ギターは2本です。このギターはバッキングのリフが右に、単音のオブリガードが左となっています。

またキーボードは生ピアノの音源に加え、同じフレーズのエレピが入っています(いわゆるデヴィッド・フォスター・ピアノ)。このエレピはもともとトレモロ的なエフェクトがかかっていて、コンプで4dB程度のゲイン・リダクションで固めつつ、MASSEY Tape Headでちょっとドライブさせています。定位は生ピアノが54-32で、エレピが少し広げて80-32という感じで、少し左に寄せてバッキングのギターとバランスを取っています。まあ、左から鳴っているという感じではない、微妙な調整ではありますが。

ベースはベーシスト持参のDI経由で、APIのマイク・プリアンプを通して録音。ミックスではコンプでかなりたいてから(アタック速め、リリース遅め、レシオ3:1で6dB程度のリダクション)、Tape Headでドライブ5程度で暴れさせ(単体だと歪みすぎに聞こえるほどです)、EQでこもった低域(60Hz)をカット。さらにハイは3kHzを突いて、ベース本来の低音が自然に聞こえるようにしています。

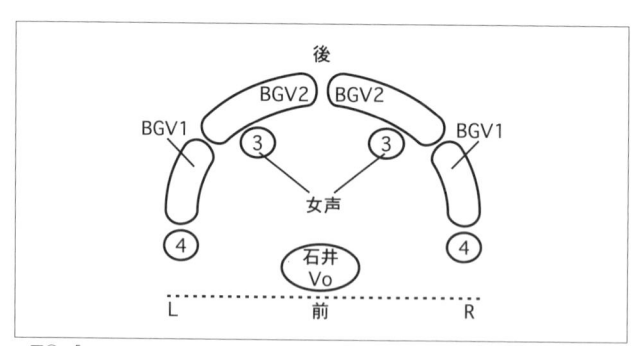

▲図① 「No Rain, No Rainbow」のバックグラウンド・ボーカルの定位(実際は9種類ですが簡易的に表記)

『同じ傘の下で』
石井一孝

▲画面①　ストリングスにかけたV EQ3

低音パートが内側とは限らない

　ピアノ系以外の鍵盤だと、サビから入ってくるストリングスですね（定位は81-81）。EQは通常しないのですが、音が厚いので4.8kHzを0.8dBほど突きつつ、10kHz以上をシェルビングで+0.5dB。これで、コンプで5dBほどつぶしているのにラインが見やすくなります。ディレイへは多めに送り、その後のリバーブがかかるようにしています。あと、グロッケンがメロと同じ動きで入っていますが、これによって逆にボーカルが目立つ、ラインが強調されるわけです。粋なアレンジ・テクニックですので、ぜひ参考に。

　この曲は「Happy Birthday」同様にバックグラウンド・ボーカルが厚いのも特徴で、9種類がそれぞれダブルで入っています。基本的には、1人1本のマイクで収音し、ところどころ男性2人が一緒のテイクもあります。定位で面白いのは、低音パートのダブルが100-100で広がっていて、内側になっていないことでしょう。低音パートは内側とい

う先入観がありますが、今回はこっちが良かったのです。センターに近いとキックやベースとぶつかる可能性が高くなるので、皆さんもいろいろ試してほしいですね。なお、大サビで女性が超ハイトーンで「YES!」とハモっているところだけ、ディレイとリバーブにはかなり多めに送っています。コンプは、共通して8dB～10dBの深めセッティングです。

　石井さんのボーカルは、定番のコンプ2段がけで、BOMB FACTORY LA-2A + WAVES V Compでそれぞれ4dB～5dBのリダクション。最後にマキシマイザーで7dBほどプッシュ・アップしています。どうでしょう、スケールの大きさを感じられますか？

参照：バックグラウンド・ボーカル→P016

🔊 CD TRACK

| 58 | **No Rain, No Rainbow** |

　編集により1番を省略、イントロの後2番につなげています。バックグラウンド・ボーカルの切り際、入り際のタイミングの良さも要チェック。そろっていない場合は、エンジニアがレベル書きなどで対応しますが、もちろんこの現場ではその必要はありませんでした。

実例ミックス分析1
サンタナ「(DA LE) YALEO」

定位と奥行きを重視したサウンド

　2ミックスのお手本や参考になる2ミックスを、洋楽作品から紹介したいと思います。まず聴いてほしいのが、サンタナの1999年作品『SUPERNATURAL』。サンタナは既に40年以上のキャリアを誇るラテン・ロックのギタリストですが、この作品で28年ぶりに全米No.1を獲得、グラミー賞も総なめしたエポックなアルバムです。楽曲ごとにボーカリストをゲストに招きフィーチャリングしているのですが、音の主役はやっぱりサンタナのギターというのが面白いところ。全体に耳障りな高域が無く、中低域が非常に充実した音作りになっています。自然なのに、レンジが広く、奥行きもすごい。サウンドの面でも、かなり聞きどころ満載です。

　そんな中で、特に筆者が気に入っているのがオープニングの「(DA LE) YALEO」です。往年のサンタナ・サウンドを思わせる曲で、『サンタナ3』(1971年)以降サンタナと何枚ものアルバムを作ったグレン・コロトキンが20年ぶりに録音を担当しています。

　一聴、"ああ、ミュージシャンがこの辺で演奏しているんだな"というのが思い浮かんでくる、しかも見せつけられるわけではなく、自然にスピーカーの周りに見えてくるのが分かります。EQで作っているようには思えない、定位と奥行きを重視したサウンドですね。エンジニアが工夫している跡も感じられない、それぐらい自然な印象です。

『SUPERNATURAL』
SANTANA

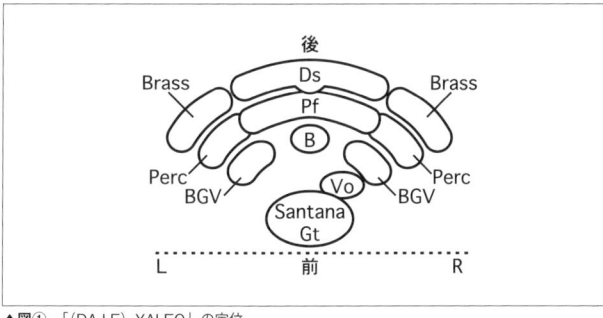

▲図① 「(DA LE) YALEO」の定位

だれが主役か分かりやすい

では、この自然な音像はどのようにして可能になったのでしょう。まず低音ですが、ベースもかなりローは出ているし、パーカッションなどもあるので通常だと処理に困るところだと思います。思いっきりぶつかるようなものですが、両者のマスキングをうまく利用して、それが足し算になっている。もはや、本能でやっているとしか思えないですね。

ドラムとブラスの奥行きも、このことには関係しているでしょう。特にブラスはかなり後ろから出ていて、コンプサウンドで塊のような音圧で出てきます。日本だと、もしかしたら「もっと前に!」と言われてしまうような音像ですが、この曲では合っているし、スペースをうまく使っていることになるのです。

中盤のソロ回しでフィーチャーされるピアノの広がり方も、狭くて良いですね。そして、その後に御大サンタナのギターが入ると、これがもう「俺が王様だ!」というような広がりで、だれが主役か非常に分かりやすい。ドラムはドラムで塊っぽく攻めているんですけど、やはりギターなんですよね。

ボーカルとギターの絡みも興味深いところです。少しハイがこもり気味の中音域のギターの上に、ちゃんとボーカルが乗っている。しかも、両者の奥行きで2つとも存在感を出しているわけですね。特にフィーチャリング・ボーカリストがいる曲では、微妙にボーカルが後ろになっていたりして面白いです。

アルバムを通して低音感もすごいのですが、この作品が99年に作られているというのは大きな励みになります。「CDの音は良くない」と言われもしますが、ここまでできるわけですから。皆さんもぜひ体験して、励まされてください!

参照:コンプで奥行きを表現→P094

実例ミックス分析2
チック・コリア＋スティーヴ・ヴァイ「ランブル」

バンド・バトルの音像とは？

　アルバム『The Songs of West Side Story』は、レナード・バーンスタインの有名なミュージカル作品を、アメリカのスーパースターたちが1曲ずつカバーしているトリビュート盤です。アレサ・フランクリン、マイケル・マクドナルドなどそうそうたるメンツなのですが、各曲のジャンルの融合具合も素晴らしく、アメリカの音楽文化の奥深さが感じられます。本書では説明の都合で、"ロックでは〜"というような記述がどうしても多くなっているのですが、そういったジャンルわけを軽々と飛び越えてしまっているのです。

　そんな中で、特に注目したいのがチック・コリア・バンドとスティーヴ・ヴァイ・バンドのバトルで演奏された「ランブル」です。もと『ウェスト・サイド・ストーリー』は『ロミオとジュリエット』を1950年代末風にアレンジしたもので、ギャング（チーマー）同士の抗争も描かれています。その抗争を、バンドで表現しているのがこの「ランブル」なんですね。音楽的には、増4度の音型が繰り返し現れて緊張感を表現していますが、その辺も含めて聴くと面白いと思います。

　バンドのバトルということで、定位的にはL側にチック・コリアのエレクトリック・バンドが、R側にスティーヴ・ヴァイのモンスターズが置かれています。曲の冒頭では両者がくっきりとLRに分かれていて、いかにもにらみ合いの状態となっています。そして曲が進むにつれて、この音像がどんどん変化していくわけですね。

『The Songs of West Side Story』
VA

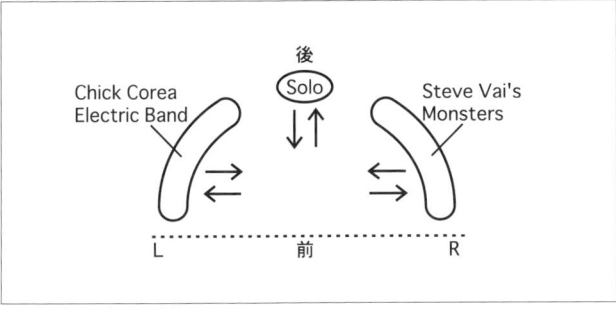

▲図① 「ランブル」の定位

モノラル⇔ステレオ

　面白いことに、ギターが少しセンター寄りになったりした時に、ディレイ成分だけが相手側に飛ぶこともあります。通常R側のスティーヴ・ヴァイが、L側に切り込んでいくのも楽しいですね。また、ある部分では通常のステレオ・ミックスになったりもします。ですから、かなり複雑なミキシングを施しているのが分かるはずです。モノ音像2種とステレオ音像を、自然に融合させているわけですから。

　録音は一発録りで、テイクは4つしか録っていないそうですが、その演奏能力の高さにも驚かされます。ただ、こういう曲は一発録りでないと無理でしょうね。ドラムには各パーツへのマイキングに加え、少し遠目からアンビエンス的にも収音しているようで、このルーム感も聞きどころでしょう。ちょっと深いんだけど、広くはない。本来ツイン・ドラムというのは処理が非常に難しいのですが、広げ具合のバランスも良く、不快感が全く感じられないのもすごいところですね。

　曲中で雑踏のSEが出てきますけど、やはりローファイ的な処理がなされているのも注意しておきましょう。SEはリアル過ぎるとどうしても混ざらない、音楽から浮いてしまうんですね。

　まさにアルバムのクライマックスとも言うべき緊張感のあるサウンドで、あらためてアメリカってすごいなと思います。でも、このあとの「サムホエア」がなぜかフィル・コリンズというオチがあったりするんですが……。

参照：定位の作法→P166、サウンド・エフェクト→P064

91 MIX TECHNIQUE

音の探求者たちに学ぶ
ミックスの引き出しを多くしよう！

アナログ時代の成果

　筆者が担当したミックスを10曲、そして洋楽で2曲をじっくり見てきましたが、まとめとして古今の音の探求者たちをご紹介しましょう。自分のミックスの引き出しを多くするためにも、ぜひチェックしてください。

　まずは、ピンク・フロイドの『The Dark Side Of The Moon（邦題：狂気）』というアルバム。「マネー」のイントロでレジの音がリズムを刻んでいて、これがいつの間にか曲へ発展していくのがすごい（しかも拍子は7/8）。初めて聴いた時には、まさかLRで交互になっているSEがリズムになるとは思わないわけで、非常に面白い効果です。また、「タイム」では目覚まし時計の音のコラージュで始まり、秒針の音がリズムを刻みます（しかもテンポはBPM = 120）。こういうことを、サンプリング技術が現実のものになるはるか前にやっている人たちがいたわけです。エンジニア、アラン・パーソンズの名前はぜひ覚えてください。

　そして、押さえておきたいのが『A Night at the Opera（邦題：オペラ座の夜）』『A Day at the Races（邦題：華麗なるレース）』『News of the World（邦題：世界に捧ぐ）』のクイーン。コーラスの分厚さ、そして飛び交うギターなど、いかにミックスでいろいろなことができるかのお手本でしょう。

時代を象徴するサウンド

　面白いコーラスの筆頭に挙げられるのが、10ccの「I'm Not In Love」で聞かれるとて

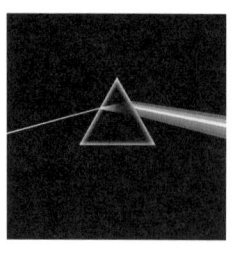

『The Dark Side Of The Moon』
PINK FLOYD

『A Night at the Opera』
QUEEN

『And Winter Came』
ENYA

も変わったバックグラウンド・ボーカルです（アルバム『The Original Soundtrack（邦題：オリジナル・サウンドトラック）』収録）。"マルチトラック・ボイス"という非常に手の込んだ手法で録音されたこの音は、「I'm Not In Love」でしか聴けないワンアンドオンリーなもの。メンバーのゴドレイ＆クレームはギター用のアタッチメント"ギズモ"を開発するなど、アイディアマンとしても知られています。

分厚いコーラスの話を続けると、エンヤは同じフレーズを何百回も重ねてあの荘厳なサウンドを獲得していると言われています。アナログ時代よりは何かにつけて楽になった現在ですが、それでも特徴的なサウンドの影には、長時間の作業があるのは紛れもない事実でしょう。

あるサウンドが、時代を特徴付けることもあります。機材や時代の流れと、音楽は密接にリンクしているものですからね。『90125（邦題：ロンリーハート）』で復活を果たしたイエスですが、トレバー・ホーンによるオーケストラ・ヒットはまさに1980年代前半を象徴するような音です。ドラムも生っぽくなかったりするのに、なぜか今聴いてもかっこ良いアルバムなので、ぜひ一聴を。

近作では、U2の『NO LINE ON THE HORIZON（邦題：ノー・ライン・オン・ザ・ホライゾン）』が聞きどころ満載です。ブライアン・イーノ、ダニエル・ラノワ、スティーブ・リリーホワイトというプロデューサーと共同制作された本作、もはや素材が生とか生じゃないということが意味をなさない地平に達しています。ループものもオーディオを張るというより演奏している感じで、21世紀のオーガニック・ミュージックと言えそうです。

紙幅の関係で少しの作品にしか触れられませんでしたが、音楽制作に携わる人たちはさまざまなアイディアを作品に盛り込んでいます。『サウンド＆レコーディング・マガジン』ではそういった人たちのインタビューが読めるので、とても面白いと思いますよ。

『The Original Soundtrack』
10cc

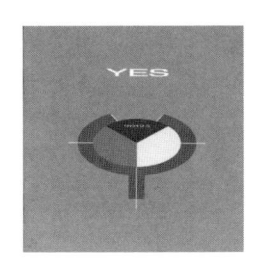

『90125』
YES

『NO LINE ON THE HORIZON』
U2

92

どこに2ミックスを作る?
ファイル書き出しが楽だし安全!

範囲指定は余裕を持って

　DAWで作業をする場合、2ミックスをどこに作るかは結構重要です。幾つかの選択肢があるので、メリットやデメリットを含めて見ていくことにしましょう。

　一番一般的なのは、再生トラックや範囲を指定してファイルの書き出しをしてしまうパターンでしょう。これは楽ですし、意外に間違いの無い方法で、音質的なデメリットもほとんど無いようです。追加の機材も不要ですから、まずはここから始めましょう。ちなみにこの場合、曲の前後は2小節くらい余裕を持って範囲指定しましょう。あんまりきつきつだと、マスタリングで作業がしづらいものです。余白が長い分にはマスタリングで簡単に切れますから、前後は空けておくということで。

　この手法では、書き出したファイルを曲に戻すような設定にもできますし、その必要が無ければ指定した場所にマスター・ファイルが格納されることでミックス作業は終了です。なお、ミキシングをハイビット／レートで行っている場合は、ここでビットとレートのコンバートを行うことも可能です。書き出しファイルのビット／レートを決める欄があるはずなので、そこで必要なビット／レートを指定しましょう。

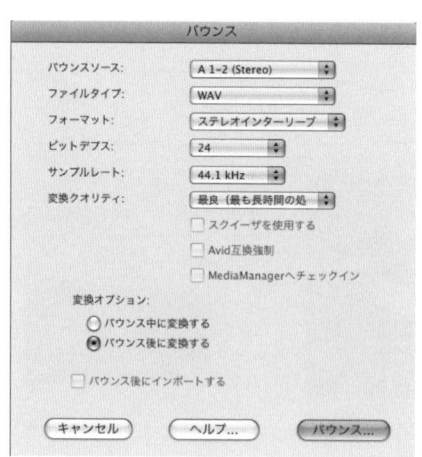

◀画面① ファイル書き出しの画面(Pro Toolsの場合)

PART 4
2ミックスの作成

```
┌─────────────────────────────────────────────┐
│              USBなどでマスター・ファイルを      │
│              戻すことも可能                     │
│        ┌────────┐   ┌────────┐   ┌────────┐  │
│        │ DAW    │──▶│オーディオ・│──▶│マスター・│  │
│        │ システム │   │インター  │   │レコーダー│  │
│        │        │   │フェース  │   │        │  │
│        └────────┘   └────────┘   └────────┘  │
│                         │                      │
│                  いったんアナログにして           │
│                  送れば、好みのフォーマットで      │
│                  マスター・ファイルを             │
│                  作ることも可能                  │
└─────────────────────────────────────────────┘
```
▲図① 外部レコーダーを使用する際のシステム図

　一時期よく行われていたのが、2ミックスをDAWに録音するという手法です。いったんオーディオ・インターフェースを通して、DAW内部に戻すというものです。ただこれは音質的にあまり良くないと言われているので、最近は人気の無いやり方です。

外部レコーダーを導入しては？

　筆者が採用しているのは、外部レコーダーを用意するという方法です。これだとDAWで完結しないので面倒ではありますが、ファイル書き出しに比べてリバーブ感の再現力などが優れています。いま自分がモニターしている音を形にしようということであれば、ぜひ外部レコーダーの導入をオススメします。

　筆者はTASCAM DV-RA1000HDというモデルを使用しているのですが、ここに2ミックスをハイビット／レートで録音してしまいます。ハイビット／レートに対応して、高品位な録音ができるステレオ・レコーダーなら、良い結果が期待できます。KORG MR-2000Sなども良いでしょうね。

　DV-RA1000HDもMR-2000Sも対応しているのですが、マスターは1ビット録音(DSD方式)にするのも良いでしょう。これはSACDなどで採用されている方式で、CDで採用されているPCM方式より音が良いとされています。いったんDSDでマスターを作成し、そこから16ビット／44.1kHzというCDフォーマットや、MP3などを必要に応じて作っていくのもアリだと思います。

　外部レコーダーを導入する場合は、電源ケーブルやライン・ケーブルの交換でさらなるクオリティ・アップを望むこともできます。特に電源ケーブルを高品位なものに替えると、音がぐっと良くなるのでぜひ試してください。

参照：ファイル書き出しの作法→P142、ハードにもこだわる→P210

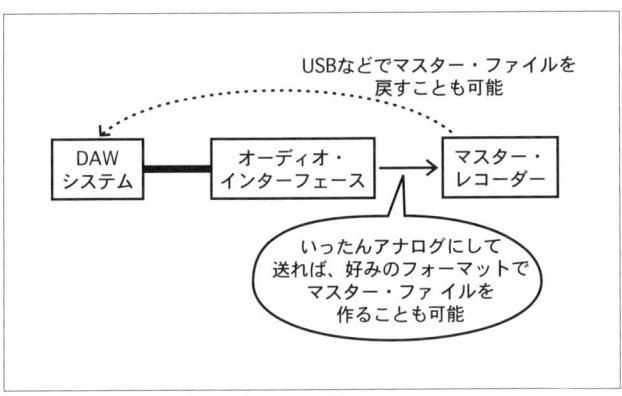

バックアップの作法
OKテイクだけを残しておこう！

歌録り前に整理を

　作業をしている内にどんどん増えていくのが、オーディオ・ファイルです。中には不要なものも多く、無駄にメモリーを消費しているはず。2ミックスが終了してもそういったファイルを抱えていると、いくらDAWがトータル・リコール可能だとは言っても、いろいろ差し障りがあります。

　特に考えられるのが、ソフトがバージョン・アップして前のバージョンの設定が完全には読み込まれないというケース。ですので、作業終了後のファイルをどのような状態にしておくかは非常に重要です。ここでは、筆者なりの方法論をご紹介しましょう。

　"テイクのまとめ方"で解説したように、各トラックは基本的に1本のオーディオ・ファイルになっている状態が望ましいです。本書ではミックス前のトリートメントでこのことを解説しましたが、実は筆者は、歌録りの際にはオケの各パートが細切れになっていないのが望ましいと考えています。オケが整理された状態で、歌のレコーディングに臨むわけですね。その際、AUDIO FILEフォルダー内にTO TRASHフォルダーを作り、細切れのオーディオ・ファイルを放り込んでおきます。これで、統合されたファイルだけがリストに出てくれるので、管理も楽になります。

▲画面① TO TRASHフォルダーに不要なデータを入れておく（すぐには捨てない！）

▲画面② 最終的なデータは奇麗なオーディオ・ファイルが並びます。これをバックアップとします

不要ファイル削除のタイミング

さて、歌録りが済みました。実はここで、細切れのオーディオ・ファイルはまた増えています。歌録りというのは、まず全体を録って、次にNGがあった2番だけ録り直して、さらに2番のサビだけ録り直して……と、どんどん細かくなっていくものなので、これは仕方が無いですね。ボーカルは、テイクごとに1つのオーディオ・ファイルを作成し、そこから最終的なOKテイクを作成します。ファイル・ネームはVOX_FINAL.wavとでもすれば良いでしょう。

これで、ボーカルの細切れファイルをTO TRASHに入れたいところですが、歌の場合は何があるのか分からないのでいちおう元ファイルも残しておきます。ミックスは1本のオーディオ・ファイルで行うわけですが、元に戻れるようにはしておくわけです。ミックスが終わった後でも、「前のテイクが聴きたい」と言われる可能性が皆無ではないですからね。

さて、ミックスも無事に終了し、マスタリング・スタジオからプレス工場にマスターが届いたころに、ようやく細切れのボーカル・ファイルがTO TRASHに放り込まれます。でも、入れるだけでまだ捨てません（笑）。最終的に、プレスCDが手元に届いたらTO TRASHフォルダを捨ててしまいましょう。これで、OKテイクだけが残った奇麗な最終データが完成です。

ちなみに、3番のAメロにしか出てこないようなトラックがあった場合、曲アタマからのオーディオ・ファイルにするとデータ量が無駄に大きくなってしまいます。そのような時は、区切りの良い小節（または時間）で始まるファイルにすれば良いでしょう。この程度なら、仮に迷子になっても復活できるはずです。特にハイビット／レートで作業をしていると、意外にデータ量が大きくなってしまうので、その辺の配慮も必要だったりします。

参照：テイクのまとめ方→P132

CDライティング
意外に気を付けるところの多いCD焼き

曲の前後は余裕を持って

2ミックスの状態をいろいろな環境で聴いてみたり、友達に音源を渡したりするためには、オーディオCDを焼くというのが良いでしょう。そこで、CDの焼き方を考えてみましょう。

筆者の場合は、外部のマスター・レコーダーに2ミックスを録音するので、いったんレコーダーからコンピューターに2ミックス・ファイルを転送します。そしてDAWのDIGIDESIGN Pro Toolsで簡単な波形編集をして、CDライティング・ソフトでオーディオCDを焼くようにしています。この場合の波形編集は本当にざっくりとしたもので、マスタリングでは曲のアタマは0.3sec程度にするのですが、1秒程度と余裕を持たせてあります。また、曲の終わりも余韻が切れてから3〜4秒は間を空けています。トータルでは、無音部分が5〜6秒くらいあった方が良いでしょう。そうしないと、この後のマスタリングで曲と曲のつながりが不自然になる場合が出てきたりしますから。この段階までは、余裕を持たせておきましょう。

CDライティングは、筆者はROXIO Toastで行っていますが、使用OSによっていろいろなソフトが出ているのでお好きなものを使ってください。最近のCDライティング・ソ

◀画面① Toast画面

PART 4
2ミックスの作成

◀マスター・ディスクのTHAT'S CDR-74MY10Pは、マスタリングでも筆者が使用している信頼性の高い製品です

フトは、波形編集ができたり、エフェクトがかけられたりと、高機能なものもあります。またビット/レートのコンバート機能が搭載されていると、結構便利です。筆者の場合はハイビット/レートで作業をしていますが、Toastではそのままのファイルで16ビット/44.1kHzのオーディオCDを焼いてくれるので便利ですよ。それぞれの環境で必要な機能を備えたソフトを選ぶと良いでしょう。

できれば外付けライターを用意

CDを焼く際は、できればコンピューター内蔵CD-R/DVD-Rドライブではなく、外部にライターを用意した方が良いでしょう。その方が、確実に音は良くなると思います。CDの音をリッピングする際でも、内蔵ドライブより外付けの方が音は良いと筆者は実感しています。ただ、現在では新品のCD-Rライターがほぼ入手困難なので、DVD-Rライターでも良いので、試してみてください。

CDライティングのスピードですが、本来は等倍が好ましいのですが、現在では等倍対応のCD-RライターやCD-Rディスクも少なくなっています。ですが、基本的には少ない倍率の方がエラーも少なく書き込めるので、4倍～8倍程度で作業してください。それに、32倍とかだとあまりにあっさりCDライティングが終了してしまい、ちょっと寂しいですからね。

あとはCD-Rディスクですが、基本的には国産のものを使う方が信頼性は高いです。特に音質にもこだわる必要がある場合は、THAT'S CDR-74MY10Pのようなマスター・ディスクの使用をオススメします。また、人に渡す場合はちゃんと焼けているかどうかのチェックも忘れずに。収録曲のアタマとお尻を確認するだけでも良いので、必ずチェックをしましょう。せっかく作ったデモCDを、相手が聞けなかったらもったいないですから。

参照：ファイル書き出しの作法→P142、ハードにもこだわる→P210

簡易マスタリング
勉強になるのでぜひ試してみよう！

手っ取り早いマキシマイザー

ミックスが終わった段階では、世の中に出回っている製品のCDに比べるとだいぶ音圧が低い状態です。仮に、数字上は同じピーク0dBという状態だとしても、トータル・コンプなどをかけていない場合はかなりレベルが低く感じられるものです。マスタリングが控えているのでこのこと自体は大きな問題ではないのですが、リスニング用に簡易マスタリングを施すのも楽しいものです。

一番簡単なのはリミッター（マキシマイザー）を使うもので、本来は2dB程度のレベル・アップが上品で良いのですが、4dB〜5dBほど音圧が上がる設定にしてみましょう。8dBくらいになると歪んでしまうでしょうが、このレベルなら歪みが問題になることは無いでしょう。なんちゃってマスタリングには、これで十分ですね。使用するのはWAVESのL3が良いですが、MASSEYのL2007 Mastering Limiterも安価ながら高性能でオススメです。ぜひ試してみてください。

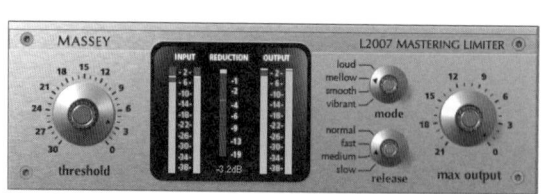

▲画面① MASSEYのL2007 Mastering Limiterは安価ですが、なかなか高性能でオススメです

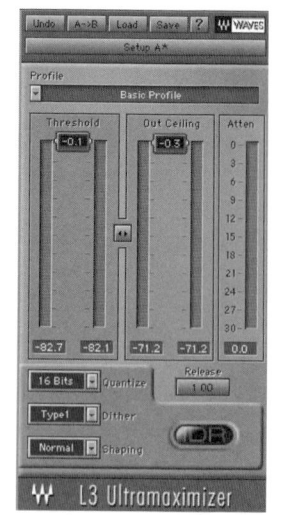

▲画面② こちらはWAVES L3。プロ御用達のマキシマイザーです

PART 4
2ミックスの作成

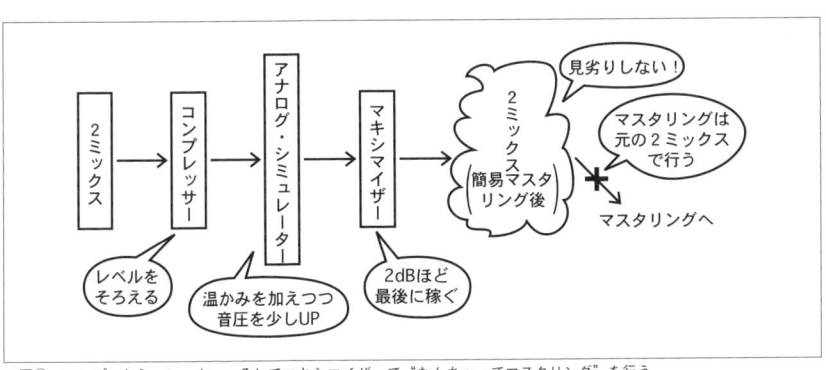

▲図① コンプ、シミュレーター、そしてマキシマイザーで"なんちゃってマスタリング"を行う

シミュレーターも使う

　音質補正も少しして、よりマスタリング的なアプローチを行いたいのであれば、アナログ・シミュレート系のプラグインをリミッター（マキシマイザー）の前に挿すのが良いでしょう。筆者だったら、PSP AUDIO Vintage Warmer、MASSEY Tape Head、DUY DadValveといったエフェクトで温かみを付加しつつ少しだけ音圧を上げ、さらにリミッター（マキシマイザー）で2dBほど稼ぐ感じでしょうか。この2段がけ戦法は、かなりマスタリングに近いものだと言えるでしょう。EQが付いていれば、ハイとローを少しプッシュしても良いと思います。ただし、音圧が上がると飽和した感じが出てくるので、その辺は聴きながらということで。

　発展系としては、アタマにトータル・コンプをインサートするのも良いでしょう。こうなると3段がけですが、音圧稼ぎは各段階で行えるので効果が期待できます。どこかでガツンと上げるのではなく、少しずつプッシュしていきましょう。

　なお重要なのは、簡易マスタリング後のファイルをマスタリング・スタジオなどに持ち込むのはNGだということ。もし自分でマスタリングを行うという場合でも、通常の2ミックス・ファイルから作業を始めた方が、絶対に結果は良くなります。あくまでこの段階は"なんちゃってマスタリング"であり、リスニング用のファイルを作る作業だと考えてください。

　ただし、この作業は結構重要だと言えます。2ミックスのサウンドが、マスタリングでどのようにデフォルメされていくかが、だんだん分かってくるからです。特に高域のEQやリバーブの効きに着目しつつ、"なんちゃってマスタリング"でコツをつかんでください。やりすぎなのか、あるいは足りないのかが分かれば、絶対に2ミックスの音も変わってくるはずですからね。

参照：全体を見ながら作業しよう→P160

96 MIX TECHNIQUE

データのやりとり
作業が1人で完結するとは限らない！

何が最終データなのか

　レコーディングやミックスの作業は、1人で完結することもありますが、いろいろな人間がかかわってくる場合もまた多々あります。筆者の場合でも歌だけ録る場合、ミックスから作業する場合などがありますし、ミックス中にファイル差し替えの必要が出てきたりもします。DAW時代ならではの現象ですが、こうなるとデータのやりとりがいろいろと生じるわけですね。この場合、何が最終データなのかを絶えず意識する必要があります。

　そして大事なのは、データのやりとりが可能性としてあるプロジェクトでは特に、ミックスは"曲アタマから1本のオーディオ・ファイルになっている素材"に対して行うということ。そうしないと、やりとりをしている内に"このファイルはどこに配置するのか"が分からなくなったりして、大きな問題になってしまいます。"バックアップの作法"でも記しましたが、細切れファイルは早々にまとめる方向で考えましょう。

　また、作業中は一貫して同じビット／レートを保持するのも大事です。筆者の場合はミックスをハイビット／レートで行うのですが、ミックス中にファイル差し替えの必要が出たりすると、結構面倒です。特に"ギターだけ家で録り直してきます"となると、そのギタリストさんのシステムがハイビット／レートに対応していなかったりして、ややこしくなるわけですね。そういうことも考慮して、ビット／レートは決定しましょう。

▲画面① 差し替え用のオーディオ・ファイルには分かりやすい名前を付けてもらえると助かります

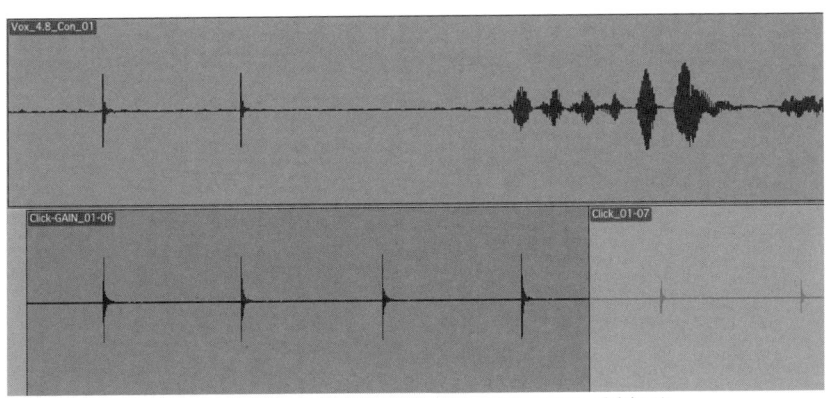

▲画面② クリックのアタマ合わせでタイミングを取る。原始的（？）ですが、これが一番確実です

曲アタマにはクリックを

　さて、上述のギター差し替えの場合、ギタリストさんにはどんなデータを渡せば良いでしょうか。トラック数が少なく、ビット／レートも問題が無ければ、DAWのセッション・ファイルをそのまま渡すのが簡単で良いですね。そのセッション・ファイルに新たなギターを録音してもらい、自分のセッション・ファイルにギターだけを戻せばOKです。この場合、分かりやすいファイル・ネームを付けてもらうと良いですね（日付を入れるなど）。

　でも、往々にしてトラック数は多くなるで、ミュージシャンの自宅では再生できなかったりすることがあります。その懸念があるなら、ギター抜きの2ミックスを渡して、それをバックにギターを入れてもらえば良いでしょう。ちなみにこの場合は、曲のアタマに2小節程度のクリックを入れます。また、録り直したギターのファイルにも、アタマにクリックを入れてもらいましょう。

　というのは実時間のかかるファイル書き出しでは、わずかながらレイテンシーが生じるので、それに合わせて弾いたギターも少し遅れてしまうのです。でも、アタマのクリックの波形を基準にして元のセッション・ファイルに戻せば、このレイテンシーは解消されます。手作業ではありますが、これで絶対タイミングはずれないわけですね。

　ちなみにクリックなのですが、今はリズム・マシンやプラグインのクリックを使うことは少なく、オーディオ・トラックに波形を張って作っていきます。それもあって、ギターを戻す際にもクリックの波形で合わせればずれが生じないわけですね。

参照：バックアップの作法→P200

97 MIX TECHNIQUE

サンプリング周波数への配慮
ミックスはハイビット／レートで！

録音は普通に？

DAWで作業をする場合、オーディオ・ファイルのサンプリング周波数や量子化ビット数の知識もあった方が良いでしょう。アナログの音声をデジタルに変換する際に、どれだけ細かくサンプリングを行うかを示す値ですね。

CDのフォーマットは16ビット／44.1kHzというもので、1秒間に44,100回のサンプリングを行い、レベルは65,536段階（＝2の16乗）で記録されます。当然ながらこの2つの値が高い方が原音に近くなるわけで、24ビット／96kHz、24ビット／192kHzといったハイビット／レートでの作業が音のためには良いとされています。

では、録音の時からハイビット／レートが良いかと言うと、自宅録音レベルでは16ビット／44.1kHz or 48kHzが良かったりします。というのも、88.2kHzとか96kHzにすると、意外にノイズを拾ってしまうのです。特に防音がされていない環境では、建物の外の音が結構入っていたりして、ミックスで苦労することがあったりします。また歪みの多いロック系では16ビットの方がかっこ良かったりするので、ハイビットが良いとも限りません。ただしピアノやバイオリンとボーカルというようなアコースティック編成の場合は、24ビットの方が良いでしょう。

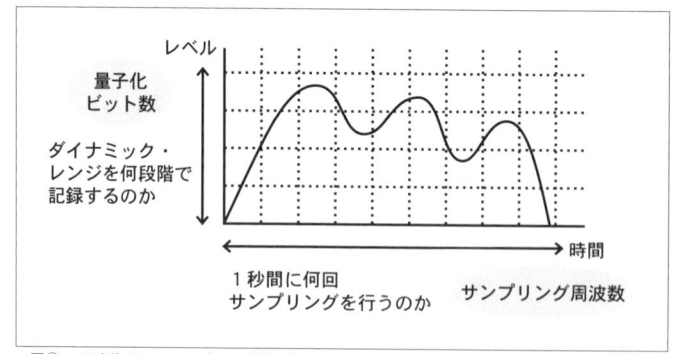

▲図① AD変換では、サンプリング周波数と量子化ビット数がクオリティを決めます

PART 4
2ミックスの作成

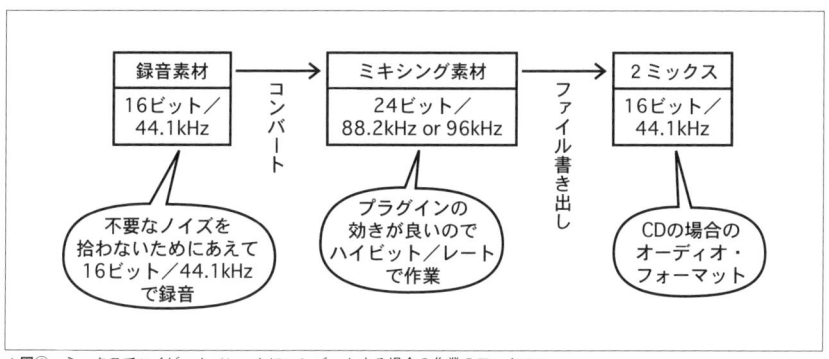

```
[録音素材          [ミキシング素材         [2ミックス
 16ビット/   コン   24ビット/      ファ  16ビット/
 44.1kHz]   バー  88.2kHz or 96kHz]  イル  44.1kHz]
            ト                     書き
                                   出し
  不要なノイズを    プラグインの        CDの場合の
  拾わないためにあえて  効きが良いので     オーディオ・
  16ビット/44.1kHz  ハイビット/レート   フォーマット
  で録音          で作業
```

▲図② ミックスでハイビット/レートにコンバートする場合の作業のワークフロー

エフェクトのかかりが違う?

さて、ではミックスについてはどうでしょう。実は筆者は、オーディオ・ファイルをコンバートして、ミックスでは24ビット/96kHzで作業するようにしています。

その理由は、プラグイン・エフェクトのかかり方が圧倒的に違うというものです。特に顕著なのがリバーブで、高域の余韻がノイズっぽくならない、ザラっとしないのがうれしいですね。リバーブのありがたさを、感じさせてくれるサウンドになるのです。また、EQの効き方もより自然で、奇麗にかかってくれます。1つ1つの効果が微少でも、それが積み重なることを考えると、ハイビット/レートでのミックスをオススメします。なお2ミックスをファイル書き出しで作成する場合は、96kHzではなく、88.2kHzの方が良い結果を期待できます(CDの44.1kHzの整数倍なので)。

よくある議論としては、最終的に16ビット/44.1kHzやMP3にしてしまうのであれば、ハイビット/レートで作業する意味が無いのではないかというものがあります。しかし筆者は、元の枠が大きい方が、たとえMP3に圧縮する場合でも情報量は多く入れられると考えています。80のものが60になった時と、100のものが60になった時では、密度が違うと思うのです。最近のCDの音が以前より良いというのは、ハイビット/レートでの作業が増えてきていることも、その一因ではないでしょうか。

とはいえ、ハイビット/レートで音が良くなったと感じられないのであれば、16ビット/44.1kHzで作業をすれば良いでしょう。ハイビット/レートではデータ量も多くなってしまい、管理もそれなりに大変になりますから。

98

MIX TECHNIQUE

ハードにもこだわる
何か物足りないなと思ったら！

マイクプリとコンプはいかが？

　DAWの良さは、コンピューター1台でほぼ作業が完結できるところにあります。皆さんも、パソコンにオーディオ・インターフェースをつなぐだけでほとんどの作業が可能になるのではないでしょうか？　でも、何か新しいオプションが欲しいと思うようになったら、ぜひハードウェアにも目を向けてほしいと思います。これで可能性が広がるのは確かです。

　録音も行う人であれば、アウトボードのマイク・プリアンプやコンプレッサーを、ぜひ試してほしいですね。最近のオーディオ・インターフェースにはマイクプリも搭載されていますが、例えば真空管タイプなど、毛色の違ったモデルを導入してみましょう。これだけで、大事なソースだけにマイクプリを使うといったキャラクター付けが可能になります。コンプも、モデルによってキャラクターがさまざまですし、通すだけで質感が変化するといったプラス方向の効果が期待できます。最近は、ランチ・ボックスのマイクプリやコンプもたくさん発売されています。このタイプならあまり大きくないので、持ち運びも楽なのでオススメですね。マイクプリやコンプは、2ミックスを外部レコーダーに落とす場合などにも活躍してくれるでしょう。

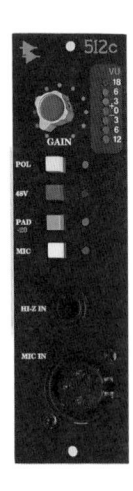

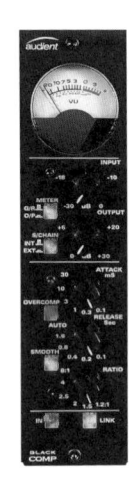

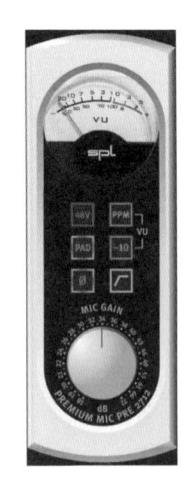

◀最近流行の縦型アウトボード（左から API 512C、AUDIENT Black Comp、SPL Premium Mic Pre2172）

PART 4
2ミックスの作成

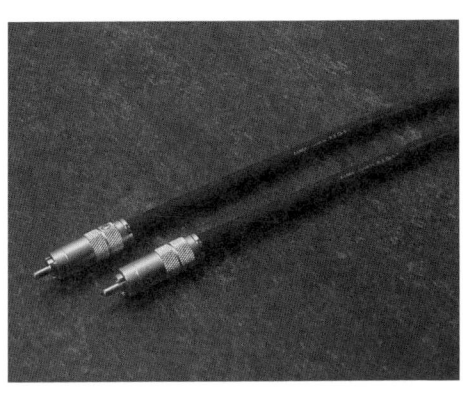

◀筆者が愛用しているREQSTのライン・ケーブル Z-LNC01。写真のRCAタイプのほか、XLRタイプもラインナップしています。Studio CMpunchはライン・ケーブルも電源ケーブルもREQSTで統一しています

意外に効果的な電源ケーブル

　ケーブル類に凝ってみるのも、楽しいものです。コンピューターに付いてきた電源ケーブルを、BELDEN製に替えるだけでも大きな違いがあることが報告されています。特に電源ケーブルは効果が絶大なので、ぜひ試してみてください。ライン・ケーブル(マイク・ケーブル)も1本良いものがあれば、歌録りだけに使ってみるとか、ドラムのキックだけに使ってみるといった遊び心も生まれてきます。やはり、楽しみながら作業をすると、結果も良くなるものですからね。

　モニター環境にも、できたら気を配りましょう。とはいえ自宅での作業ですから、いわゆるプロ向けのスタジオ・スピーカーやスタジオ・ヘッドフォンをそろえる必要はありませんよ。スピーカーであれヘッドフォンであれ、自分にとって自然なサウンドが出ているものを選んでください。筆者の経験では、自分のやりやすい環境で突き詰めて作業をすれば、ほかの環境で聴いても違和感の無い仕上がりになるものです。なお参考までに筆者愛用のヘッドフォンを挙げておきますが(AUDIO-TECHNICA ATH-A100Ti)、これはオーディオ・ショップのヘッドフォンを全部試聴して選んだモデルです。皆さんも、自分に合ったモデルを探り当ててください。あ、そうそう、ヘッドフォンの場合は音も重要ですが、装着感も大事です。なるべく疲れないモデルを見つけましょう。

　あとは、2ミックスを外部レコーダーに録るというのもオススメですが、これについては別項で詳しく記しています。

　さて、いろいろハードを紹介しましたが、すべてを一辺にそろえる必要はありません。また、中には必要性を感じないハードもあったでしょう。それぞれに合ったシステムがあるわけですから、楽しみながら、必要だと思ったものを1つずつ買いそろえてください。

参照：どこに2ミックスを作る？→P198

99 MIX TECHNIQUE

エンジニアの役割
作るのは音ではなく音楽

誰の曲なのかを認識する

さて、最後のNo.99はテクニック的な内容ではなく、これからエンジニアを目指す若者に向けての話とさせてください。

まず意識してほしいのは、"これからあなたがミックスする曲は誰の曲か"をはっきり認識するということです。"1人で作曲からエンジニアリングまですべてを行っている"という場合は別ですが、ほとんどの人は誰かアーティストさんの曲を形にするという意味でのエンジニアリングだと思います。

ということは、あなたの曲ではないわけです。ですからミックスを仕上げていく時、まずはアーティストさんが満足してくれる音を目指しましょう。気に入ってくれれば、そこから良い関係が続く可能性があります。

次に、リスナーが喜ぶ作品にすることを意識しましょう。どうせならたくさんの人に聴いてもらった方がうれしいですよね。そしてCDとして発売する場合は(ほとんどそうだと思いますが)、レーベルのスタッフなど制作側の人たちがやはり喜んでくれるような音、つまり「これはたくさん売りたいね」と思ってくれるような音を目指しましょう。

最後に、自分も最終形に満足できる、そんな音を作りましょう。曲を聴いてくれた人が「これは良い音だね」と言ってくれた場合、

◀筆者の本拠地、Studio CMpunch。録音ブースを備えてレコーディング/ミキシングに対応しているほか、マスタリングも行える。使用DAWはDIGIDESIGN Pro Toolsシステムです

それはあなたにとっては誉め言葉ではありません。アーティストのメッセージをきちんと伝えていない可能性があります。「これは良い曲だね」と言ってもらうのが、あなたにとっても最高の誉め言葉なのです。

音楽的な経験はすべて役に立つ

専門学校などへ学びに行く場合、おそらく機材の使い方や音響の理論などを勉強することになると思います。もちろんそれらは大事ですが、筆者の経験上言えるのは、音楽的な知識をたくさん積んだ方が良い、ということです。

実は筆者は音響の勉強はほとんどしていなくて、またスタジオでのアシスタントの経験もありません。ステップ・アップの方法は人それぞれだと思いますが、作曲の勉強をしていたことは特にレコーディングの現場では役に立ちました。また、高校生の時、家の近くにあったレンタル・レコード屋さんの店長さんが勝手にプログレのレコードをたくさん貸してくれたことも、今となっては財産になっているのです。

つまり、あなたが作るのは音ではなく音楽なのだから、音についての勉強はもちろん必要ですが、音楽的な経験はすべて役に立つ、ということです。

エンジニアの世界は決して楽ではない、レコーディングもミックスもマスタリングも何しろ答えがないのだから難しいですよね。でも、大変なだけでもないのです。その曲のレコーディングにかかわっているうちに、あなたはおそらくその曲を一番多く聴くことになるでしょう。するとたいていの曲は好きになり、思い入れができるはずです。

レコーディングの現場では、人との共同作業になります。すべてのエネルギーが良い方向にまとまって動いた時、そこにマジックが起きます。仮に5人いたとして、"1+1+1+1+1"が単に5ではなく、もっともっと大きな数に感じられる瞬間、またはそれらがまとまって巨大"1"になる瞬間を感じる時もあるでしょう。それを筆者は"足し算の奇跡"と呼んでいます。

筆者のミックスやマスタリングを聴いて"葛巻マジック"などと言ってもらえることもあり、もちろんそれは光栄なことですが、実際のところ奇跡はミックスの時にもマスタリングの時にも起きません。起きるとすれば、レコーディングの時に起きるのです。それをきちんと録音し、形にするのがあなたの役割なのです。

頑張ってください。

いや、一緒に頑張りましょう！

COLUMN

リクエストはチャンス

　アーティストさんとミックスしているとしましょう。自分がミックスした音に対して、さまざまなリクエストを受けることになります。

　「もうちょっとベースを上げてくれ」というリクエストをもらった時、あなたならどうしますか？ 単純に、ベースのフェーダーを上げればとりあえずは解決です。しかしそれでは音楽的に感じられないかもしれません。その場合、上げたフェーダーを後でこっそり戻すという高度なテクニックもありますが(笑)、それ以外の方法でリクエストにもこたえつつ音楽的にもなる方法を考えてみましょう。

　EQでハイを上げる、コンプのアウトを上げる、マキシマイザーで音圧を上げる、軽くドライブさせてラインを目立たせる、キックの音量や音色を変えてみる……とまあいろいろな方法があり、さらにローを下げた上で音圧を上げる、などの複合技も考えられます。

　本来自分が作ったミックスはそれなりにバランスが良く自分では満足もしているはずですが、そこに何らかのリクエストが来る、これもまたチャンスなのです。自分のミックスに足りない何かを補いつつ、さらに音楽的に仕上がる可能性があるわけですから。

APPENDIX

対談 葛巻善郎×博士と蟋蟀

音源収録アーティスト紹介

★対談
葛巻善郎×博士と蟋蟀
バンドマンの宅録

最後に、実際に宅録やDTMをしている人の意見も聞いてみましょう。そこで思い出したのが、2008年12月に『Monochrome Butterfly』というアルバムをリリースした"博士と蟋蟀"という2人組みユニットです（ハカセトコオロギと読む）。メンバーの遠藤仁平と本田祐也君とは、彼らがバンドCOCK ROACHで活動していた時からのお付き合い。現在は無限マイナスというバンドで活躍しているのですが、完全に2人だけでアルバムを作ってしまい、これがとても良い作品だったのです。打ち込み主体のオケにポエトリー・リーディングが乗るというサウンドで、完成度の高さは相当なものだと思います。というわけで、彼らのホーム・グラウンドである水戸ライトハウスに会いに行きました。

みんながハッピーにならないと
音楽を作る意味は無い（葛巻）

葛巻 『Monochrome Butterfly』をマスタリングしてて思ったのは、「ああ、今回はメンバーがミックスまでやるのが良かったんだな」ということ。それまでミックスの経験の無いミュージシャンが、ここまでできるっていうのには驚いたけど。

本田 そう言ってもらえるとうれしいですね。音は、ミックスの時に結構チェックしていますから……。

葛巻 2人の役割分担はどんな感じだったの？

本田 俺の方でSTEINBERG Nuendoで打ち込みでオケを作り始めて、自分でできることはとりあえず全部やっちゃうんですね。それを仁平にすぐ聴いてもらって、お互いに意見を出し合う。だから自分だけが作って満足っていうのではなく、「これで大丈夫かな？」みたいな確認をする感じですね。それで修正しつつ、仁平の歌を重ねてっていう。

葛巻 じゃあ、オケと歌みたいに完全に役割が分かれているわけじゃなくて、キャッチボールをしているんだ。そこがまず良いんだろうな。

遠藤 オケだけの段階でそういう話もしたし、歌を入れる前に「ここのループはもう8小節欲しい」とか、そういうことも結構ありましたね。

本田 歌詞の世界観によってオケをガラっと変えた曲もあるし……。歌に負けちゃったらダメだし、それを支えられるようなバックを作らなきゃっていうのはずっと考えていましたね。

葛巻 ベースの人がミックスしたりすると、低音ばっかり強調されたりするんだけど、この作品にはそういう感じが無い。そういう意味では、本田君がオケを準備する個人作業の部分と、その後の共同作業のバランスがすごく良いんだと思う。たとえ宅録でもやっぱり音楽制作って基本的には共同作業だから、みんながハッピーにならないと意味がないし、足し算の素晴らしさがあるわけじゃない？ 2人がいたからこそ、この作品ができたということだから。そういう意味で、共同作

APPENDIX
対談　葛巻善郎×博士と蟋蟀

業の良さというのを、音楽を作る人にはもっと意識してほしいと思いますね。
遠藤　最初は遊びというか実験で、ちょっとやってみようという感じだったんですけど、祐也がここまでできるとは思ってなかったですね（笑）。
葛巻　DAWはどれくらい使っているの？
本田　1年くらいですね。それまでは8trのカセットMTRでデモを録るくらいだったんですけど、もともとPAの専門学校に行きたかったりしたくらいで、音響の世界には興味があったんです。レコーディングでも、どういうシステムなのかっていうのは意識していたし。ただコンピューターを買った後に、「これはできない！」って感じで、1年くらいは全然触っていなかったんですよ（笑）。それが職場でIllustratorとかPhotoshopに触っている内に、何となくつかめてきて。
葛巻　パソコン、実は友達なんじゃ？っていうことで（笑）。
本田　はい（笑）。それでやり始めたら、止まらなくなってしまって。「仁平、これなら行けるよ！」ってなって、いろいろ手探りで作業している内にアルバムができてしまった。大ざっぱに言うとそんな感じですね。

葛巻　カセットMTRを使ったことがあるかどうかは、結構大きいかもしれない。あれでミキサーの原理とかも分かるし、DAWがいかに便利かも実感できる。DAWで行き詰まった人は、カセットMTRで遊んでみると発見があると思いますね。

パサパサした感じが欲しくて
ボーカルのローを削った（遠藤）

葛巻　レコーディングで大変だったことって何かある？
本田　マイクがAUDIX OM6とSHURE SM57しかなくて、この2本を何とか駆使して……っていうところですかね。ボーカル用のメインはOM6で、「影を埋めた日」だけはSM57だったかな。
遠藤　あの曲は、布団をかぶって録りましたね。
本田　たまたま録っている時に友達が来てたんですけど、録っている最中にいびきをかいて寝始めて（笑）。これはダメだっていうんで、仁平に「布団をかぶって歌ってくれ！」って。
遠藤　その仮歌が、リハスタで録り直した本チャンより全然良くて。暗闇の中で、布団をかぶって歌っているのが曲の歌詞とも合っていた（笑）。

博士と蟋蟀
元〈COCK ROACH〉であり、現〈無限マイナス〉のボーカリスト遠藤仁平とベーシスト本田祐也の2人からなる〈博士と蟋蟀〉。2008年12月にファースト・アルバム『Monochrome Butterfly』をリリース。外資系CDショップなどのトップ10チャートにランク・インするなどし話題を呼んだ。現在はセカンド・アルバムを制作中。
www.myspace.com/hakasetokorogi

217

葛巻　そういえば昔、「狭い音で録りたい」って言われて、スタジオの二重防音扉の間でボーカルを録ったことがある。これがすごく良くて（笑）。やっぱり録音って、ちょっとした思い付きとか、普段はやらないことをやるのが面白いよね。

遠藤　ポエトリー・リーディングの部分ではパサパサした感じが欲しくて、極端にボーカルのローを削るとか、ちょっと割れても良いからマイクの近くで言葉を発するとか、そういうことが今回は自然にできたし。祐也だと「こっちの方が良いかもね」って意見を言ってくれるけど、あんまり知らないエンジニアさんだと「そんなに削っちゃうんですか？」なんて言われたりして、自分も不安になってしまう（笑）。そういうところも、2人だけだとやりやすかったかな。

本田　ボーカルは、だいたいどの曲でもEQで500Hz以下をカットしていますね。

葛巻　500Hz以下だと中域も入っている。すごいね（笑）。でも、確かに話し声とCDでは声質が全然違うね。

遠藤　特にリーディングだと、声の艶っぽさがイヤになってくるんですよ。でも、実はもともと自分の声のローが好きじゃないし、マイクは持って歌いたいからコンデンサー・マイクが嫌いで。奇麗に録れるのは分かるんですけどね。言葉を聞きやすくしてほしい、声質なんてどうでも良いから言葉を伝えてほしいってなった時には、コンデンサー・マイクじゃないんですよ。

葛巻　ローが要らないんだったら、マイクとの距離を少し離してみると良いかもね。ぜひ、今度試してみてください。ちなみにオーディオ・インターフェースには何を使ったの？

本田　EDIROLのUA-25EXですね。機材的には、あとは鍵盤がROLAND Fantomで、ベースとエレキを少し弾くくらいで、音源はほとんどバーチャル・インストゥルメントです。ARTURIA CS-80V、ARP2066 Vとか、STEINBERG HyperSonicをよく使っていますね。ドラムは、TOONTRACK dfh EZ Drummerが多かったかな。

葛巻　その辺のMIDIものは、オーディオ化してからミックスする？

本田　ほとんどMIDIのままですね。「Monochrome Butterfly」という曲だけ、ドラムの音作りがどうもうまくいかないので、趣向を変えてみようっていうのでオーディオにしていますけど。いろいろやっている中で、そっちの方が良いかな？っていうことで。

最後まで作業していたのが
1曲目の「透明なる前進」です（本田）

葛巻　最初の方で言っていた、ミックスでのチェックっていうのはどんなことをしていたの？

本田　聞き慣れたスピーカーを使って、自分の好きな、目指しているCDと比べてみるんです。そこで聴いた時に、それより良いか悪いか。まあ良いことは無いにしても、ミックスの初期の段階では全然悪いことの方が多いじゃないですか？だから、近づける作業ですよね。ほかにも安いコンポとかパワード・モニター、ヘッドフォン、iPodとかで聴いてみて、一番良いところに収める。その繰り返しでしたね。

葛巻　CDと比較するのは良いやり方だよね。まあ、まず同じにはならないんだけど、「これってどうなっているんだろう？」って考えて、分析していくのはすごく大事。絶対ためになるし、目標はあった方が良い。

本田　最後の最後には、仁平の家にあったもう使っていないコンポを引っ張り出して、それで確認して。それで満足できる音が出ていたので、「間違い無い！」って。

葛巻　ミックスで一番苦労した曲は？

本田　結構こだわって、最後まで作業していたのが1曲目の「透明なる前進」ですね。最後の1週間でガラって変わってしまって、「ごめん変えちゃった」って（笑）。

APPENDIX
対談　葛巻善郎×博士と蟋蟀

遠藤　ずーっと聴いてたんですけど、最後の最後で変わった。

本田　アルバムの収録曲は結構曲調がバラバラなんですけど、その中でも統一感を出したいと思っていて。そうすると、1曲目のバランスがどうも悪くて。基本がMIDIの打ち込みだと、強弱を付けるのも難しくて平坦になってしまう。その幅を、どう広げようかっていうことですね。それで思い出したのが、ヒラ歌ではセンターに集まった定位なのが、サビでいきなり広がるっていう曲。それでマスター・フェーダーにWAVES Stereo Imageを挟んでみたら、「ああ、この広がりは胸に来るな」って。

葛巻　あの曲は最終的には素直な仕上がりになっているし、オープニングにふさわしい曲だよね。本書の付録CDでも、マスタリング前の2ミックスを紹介したいと思います（☞TRACK 59）。

本田　ミックスでは、マスターにWAVES L2をかけるようなことはしないで、本当に良い、聴けるという感じにしたつもりです。後の音圧とか音量調整は、葛巻さんにお願いしますっていうことで。

葛巻　定位や周波数のレンジはばっちりだったんで、マスタリングでは奥行き感が少し出るようにしたんだけど？

遠藤　あの奥行きには、社交辞令ではなく本当にびっくりしましたもん。マスタリングって、出来上がった2ミックスの印象のままグレード・アップしてくれるのがうれしいんですよね。音のバランスとかレンジが結構変化した3タイプを提示して、その中から選んでくれと言うマスタリング・エンジニアさんもいるんですけど、それはちょっとしんどいんですよ。確かに発見はあるんでしょうけど、そこでまた一悶着っていうのはね。2ミックスが出来上がった感動が掘り返されて、違う選択もあるよと言われるのはきついですね（笑）。

葛巻　MサイズのコーヒーがLサイズになってくれれば良いのに、カフェモカが出てきたような感

『Monochrome Butterfly』

じだね（笑）。でもそういうことがあると、みんながミックスやマスタリングを自分でやりたくなるのも分かるというか……。

本田　自分たちでやっていれば、どれだけボーカルを飛ばしても、自分たちの意向でやっているから問題も無いし不満も無い。

遠藤　時間の縛りも無いし。特に2人だと、どっちかがくたばったら終わりにすれば良いって感じで、何時間やっていても「悪いな」って気持ちにならないし（笑）。

本田　ライブで再現できないといけないとか、そういうのも全部とっぱらって、表現することだけを考えられましたね。

葛巻　CDはアーティストの表現だから、エンジニアが違うものに変えてはいけない。そこは、エンジニアリングをする人は意識してほしいですね。シビアに言えば、エンジニアによって作品が悪くなることはたくさんあっても、良くなることはほとんど無い。それくらいに思っていた方が良いでしょうね。そしてミュージシャンのミックスでここまでできるということに、エンジニアを目指す皆さんは刺激を受けてほしいですね。

　というわけで、本田君、遠藤君、今日はこれから無限マイナスのライブなんですよね、頑張ってください！

音源収録アーティスト紹介

青木カレン　Karen Aoki

www.rambling.ne.jp/artist/karen

今日本を代表する最も美しいジャズ・ディーヴァ！ 2006年日本のジャズ～クラブ・ジャズ・シーンに彗星のように現れた、実力と美貌を兼ね備えたジャズ・シンガー。2008年発売の3rd『SHINING』は、アドリブ誌アドリブアワード受賞。2009年4月にはベスト盤『THE CLUB JAZZ DIVA』をリリースし全国ツアーを開催するなど、ますます勢力的に活躍の場を広げている。

★

カレンさんとは 2ndアルバム『KAREN』からのお付き合い、歌録りのいくつかとミックス／マスタリングを手がけています。カレンさんの制作スタイルは、曲ごとに異なるアーティストとのコラボレーションになるので、ミックスではさまざまな状態の音を扱うことになり、難しくも楽しい作業です。その中からカレンさんとShima & Shikou DUO の共作によるオリジナル曲「Take My Heart」を使わせていただきました。カレンさんのオリジナル曲には不思議な魅力があり、特にロック・テイスト溢れるこの曲は大好きです。

石井一孝　Kazutaka Ishii

www.kazutakaishii.com

シンガー／ソングライター、俳優。「レ・ミゼラブル」（ジャン・バルジャン役）、「マイ・フェア・レディ」（ビギンス教授役）を始め数多くのミュージカルに出演。また、是方博邦、国府弘子、大島ミチル、古川昌義など豪華ミュージシャンを迎えて4枚のCDを発売している。

★

カズさんの最新アルバム『同じ傘の下で』からは、前著『マスタリングの全知識』に続いて本書でもたくさんの素材を使わせていただきました。レコーディングからマスタリングまで、ほぼすべての制作工程にかかわったので思い入れのある1枚です。レコーディング中はいろいろなことが起きますが、ミュージシャン達のエネルギーがうまく混ざり合う瞬間があり、その現場にいたことは貴重な経験でした。曲によってはトラック数が60を超すものもあるのですが、奥行きの表現も含め納得のいくミックスができました。

曾我泰久　Yasuhisa Soga

www.soga21.com/

1983年にザ・グッバイでデビュー、1990年からソロ活動をスタート。すべての楽器を1人でレコーディングするスタイルで独自の世界観を構築し、コンスタントにCDをリリース。楽曲提供やプロデュース、また役者としても数多くの作品に参加する、日本では大変貴重なマルチ・アーティスト。

★

曾我さんは最も付き合いの長いアーティストの1人で、もう10枚以上の作品を一緒に作ってきました。最初のレコーディングの時はPro Toolsがまだ24 MixPlus (ver.5) で、試行錯誤しながら手作業でループを作ったりしたものです。歌だけでなくギターやキーボード、そして最近はなんとドラムまで演奏してしまう曾我さんですが、なんといっても魅力的なのがその歌声、ダブルにする時に前の歌を全く聴かないのにピッタリ同じように歌えるのにはいつもビックリします。

APPENDIX
音源収録アーティスト紹介

☞各アーティストのトラックNo.はCD INDEX（P224）をご覧ください

THE APOLLO BOYZ アポロ・ボーイズ

www.apollo-boyz.com

『アポロ・ボーイズ』という舞台のためにキャスティングされた5人。ザ・グッバイのリーダーでフロント・マンの曾我泰久と、『モノクローム・ヴィーナス』でデビューした池田聡をメインのボーカルとし、元筋肉少女帯／有頂天のドラマー、みのすけもドラマー兼、作詞／作曲／ボーカルを手がけています。彼らは新たな出会いによって、今までになかった超エンターテイメントな楽曲とライブ・ステージを作り上げています。

★
曾我さんとのお付き合いの流れでアポロ・ボーイズの1stマスタリングを担当、2枚目以降はレコーディングでもかかわるように。メンバー全員が作曲を手がけ、リード・ボーカリストも3人います。ということは曲に、もしくは曲の中の場所によってリードになったりハモリになったりと役割が変わっていくので、きちんと理解しまとめていく必要があります。"大人のパンク"を合い言葉に最初はかなりシンプルだったアレンジも、だんだんと凝っていくようになってきました。

河 明樹 ハ・ミョンス

http://sohegum.com/

第一線のソヘグム奏者としてソロ、デュオ、そしてさまざまな編成のアンサンブルで活躍。ソヘグムは朝鮮半島の伝統弦楽器で、中国の二胡とは兄弟楽器にあたる。

★
フリーのソヘグム奏者としての活動を始めることになったミョンス君の最初の作品が06年リリースのCD『HIBARI』、本書でも使用した「パンキル-夜道-」の他、朝鮮民謡を現代的にアレンジした曲や、A.ピアソラの「リベルタンゴ」なども収録されています。録音はスタジオやホールではなく、公民館のような場所で行いました。このような場合アンビエンス・マイクにはさまざまなノイズが入ってくるので、ごまかしごまかし進めていくのですが、不思議なものでOKテイクにはほとんどそういったノイズが入っていない、もしくは気にならないのです。今回は新境地としてリズム・セクション入りの新曲をレコーディング、ミョンス＆RUNG HYANGのCDとして発表する前に本書で使わせてもらっています。

RUNG HYANG ルンヒャン

www.rung-hyang.jp

福岡県筑豊生まれのシンガー／ソングライター。歌はもちろん柔らかく情感溢れたピアノ演奏にも定評があり、ソヘグムユニットHIBARIや多国籍音楽プロジェクトroha roomとしての活動を精力的に行いながら、2007年9月にソロとしては初のミニ・アルバム『INNOCENCE（イノセンス）』を発表。映画音楽制作や映像作家とのコラボレート、アーティストへの楽曲提供からアレンジメント、ディレクションに至るまでジャンルを問わないスタイルで活動中。

★
ルンヒャンとはミョンス君のCD『HIBARI』のレコーディング時からのお付き合い、本書で使用したミョンス君の新曲でも見事なアレンジとプロデュースをしてくれました。ルンヒャンの歌は僕の本拠地StudioCMpunchで録ることが多いのですが、あまり時間をかけず3テイクくらいでOKになります。面白いのは、他の人でもそうですがOKテイクの時は波形がひと味違う、見た目も他のテイクより良いのです。そんな時、「良い波形だよ」というと喜んでくれます（笑）。

221

おわりに

　いかがでしたか？　本書では王道的なテクニックというよりは、今まであまり紹介されてこなかった裏技的なもの、そして最新の機材を使ってのテクニックを紹介するようにしました。何か1つでも皆さんの作業の役に立てればうれしいです。

　本書の制作に当たって、『マスタリングの全知識』に続き辛抱強く付き合ってくれたリットーミュージックの山口一光さんに感謝します。また、快く音源を提供してくださった青木カレンさん、石井一孝さん、曾我泰久さん、河 明樹さん、RUNG HYANGさん、THE APOLLO BOYZの皆さんにも深く感謝します。

　僕は今年40歳になります。いつの間にか若い世代に何かを残していく、そんなことを意識するようになったので、このようなタイミングを得たことにも感謝ですね。そして、僕をこの世界へ導いてくれ、常に僕を励ましてくれた5人の恩人（石井満先生、栗山和樹先生、故宮崎尚志先生、小瀬高夫先生、尾崎寛尚さん）に本書を捧げたいと思います。

　音楽によってすべての人々が癒され、街中が平和と幸せ、そして笑顔で満たされますように☆

2009年4月
葛巻善郎

PROFILE

くずまきよしろう●1969年東京都武蔵野市生まれ。尚美学園短期大学および東京コンセルヴァトアール尚美にて作曲を学ぶ。卒業後スタジオ・ラウム 338のレコーディング・エンジニアを経て99年に独立、(有)シーエムパンチを設立。2002年再独立、Studio CMpunchを拠点にフリーのレコーディング＆マスタリング・エンジニアとして現在に至る。レコーディングにおいてはアンビエンス・マイクをこよなく愛し、ロックからクラシックまで対応。マスタリングでは美しく音楽的なサウンドが特徴。Air Mail Recordings、Strange Days Records、Vivid Sound、オーマガトキなどのレーベルの洋楽再発盤のリマスタリングも数多く手がける。趣味は野球と温泉巡り。妻と柴犬と暮らす。著書『マスタリングの全知識』『レコーディングの教科書』

Studio CMpunch WEBサイト：www.kuzumaki.net

エンジニアが教えるミックス・テクニック99

2009年5月31日　初版発行
2012年7月20日　第7版発行

発　行　所　　　株式会社　リットーミュージック
　　　　　　　　〒102-0075　東京都千代田区三番町20番地

著　　　者　　葛巻善郎
編集／発行人　　古森　優
デザイン／DTP　折田　烈（餅屋デザイン）
編　集　長　　内山秀央
編集担当　　　山口一光
印刷・製本　　株式会社ルナテック
CDプレス　　メモリーテック株式会社
レコーディング協力　スタジオ・ラウム 338

●お客様窓口：リットーミュージック・カスタマーセンター
　●商品に関するお問い合わせと電話＆FAXでのご注文
　電話｜03-5213-9296　FAX｜03-5275-2443
　e-mail｜info@rittor-music.co.jp

●書店・取次様窓口：マーケティング統轄部
　電話｜03-5213-6260　FAX｜03-5213-6261

●ホームページ
　http://www.rittor-music.co.jp

©2009 Rittor Music Inc.
本書の記事、図版、譜面等の無断転載、複製は固くお断りします。
乱丁・落丁はお取り替えいたします。
Printed in JAPAN
ISBN978-4-8456-1684-8

CD INDEX

Mastered By **Yoshiro Kuzumaki** (Studio CMpunch)

PART 1
ソース別処理法　　　　　　TRACK 01 > TRACK 32

PART 2
エフェクト別処理例　　　　TRACK 33 > TRACK 48

PART 4
2ミックス作成　　　　　　TRACK 49 > TRACK 58

APPENDIX
対談　葛巻善郎×博士と蟋蟀　TRACK 59

＊付録CDは本書の性格上、いわゆるマスタリング作業を行っていません。そのため、音量にばらつきがある個所も存在します。再生時には音量差に十分ご注意ください。また、PART 4やAPPENDIXに対応する音源もマスタリング前の状態なので、"マスタリングでどうなったか？"を確認したい方は、対応トラックの含まれた製品CDをお求めください。

＊＊付録CDは著作権上、個人的に利用する場合を除き、無断でテープ、ディスクに記録したり、上演、放送、配信等に利用することを禁じます。

©Rittor Music,Inc.

●使用楽曲リスト(カッコ内がトラックNo.です)
青木カレン：「Take My Heart」(55)
石井一孝：「Heartache, Heartache」(02,05,11,27,41)、「Mission」(04)、「Guilty of Love」(07,19,20,21)、「Happy Birthday」(13,14,15,16,17,18,23,24,40,57)、「No Rain, No Rainbows」(26,28,42,43,58)、「雨のワルツ」(29,56)、「Life Goes On」(30)、「Meg's theme」(31)
曾我泰久：「〜15才〜」(06,22,35,53)、「ほんの少し汚れた空の下で」(08,10,32,36)、「Holy Night」(09)、「どれ位…」(33,46)、「45RPM」(39,45)
曾我泰久＆石井一孝：「melodies for you」(12,34,52)
THE APOLLO BOYZ：「砂とダイアモンド」(03,54)
河 明樹：「パンキル〜夜道」(50)
河 明樹＆RUNG HYANG：「夢のあいだ」(44,47,51)
RUNG HYANG：「わたらせ」(01,25,37,38,48)、「アンタイトル」(49)
博士と蟋蟀：「透明なる前進」(59)